DE ROME A JÉRUSALEM

NOTES DE VOYAGE

PAR LE

RME PÈRE LOUIS DE PARME

Ministre Général de tout l'Ordre des Frères Mineurs

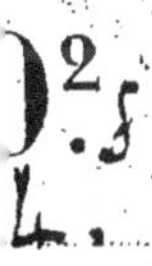

DE ROME A JÉRUSALEM

LE Rme PÈRE LOUIS DE PARME
MINISTRE GÉNÉRAL DE TOUT L'ORDRE DES FRÈRES MINEURS
durant son séjour en Terre-Sainte.

ROME A JÉRUSALEM

NOTE DE VOYAGE

PAR

R... LOUIS DE PARME

Ministre...

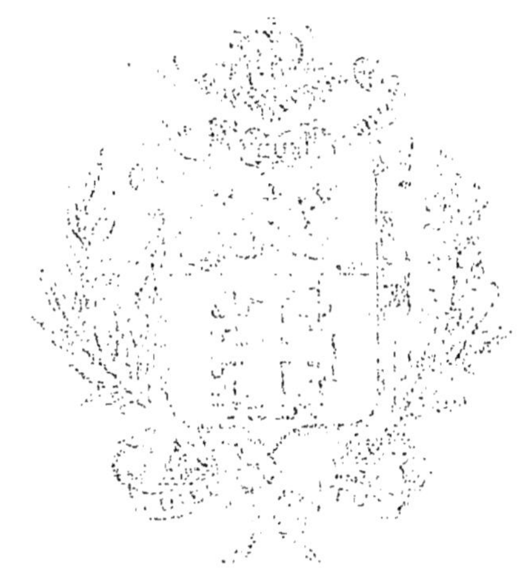

DE ROME A JÉRUSALEM

NOTES DE VOYAGE

PAR LE

RME PÈRE LOUIS DE PARME

Ministre Général de tout l'Ordre des Frères Mineurs

VANVES PRÈS PARIS
IMP. FRANCISCAINE MISSIONNAIRE
16, ROUTE DE CLAMART

1894

AU LECTEUR

Ce récit de voyage n'était pas destiné à l'impression. Un père ne sait pas résister à ses enfants et la bonté du nôtre nous a permis la lecture de son journal. Nous avons cru que tous les membres de l'Ordre seraient heureux de conserver le souvenir de la première visite aux Lieux Saints d'un successeur du Patriarche d'Assise.

Encouragée par cette pensée, notre Imprimerie Franciscaine Missionnaire *offre le résultat de sa filiale indiscrétion à Notre Révérendissime Père Général pour son bouquet de fête. Sa Paternité Révérendissime pourra ainsi distribuer comme des fleurs de Terre-Sainte, le récit de son voyage. Ses nombreux enfants se réjouiront en rencontrant à chaque ligne une preuve du zèle et du dévouement que montrent nos Pères dans la Custodie.*

Tous nous serons fiers des immenses travaux qu'ils accomplissent sur cette terre sacrée. Leur apostolat sept fois séculaire est parfois trop ignoré et trop méconnu.

Une Franciscaine Missionnaire de Marie.

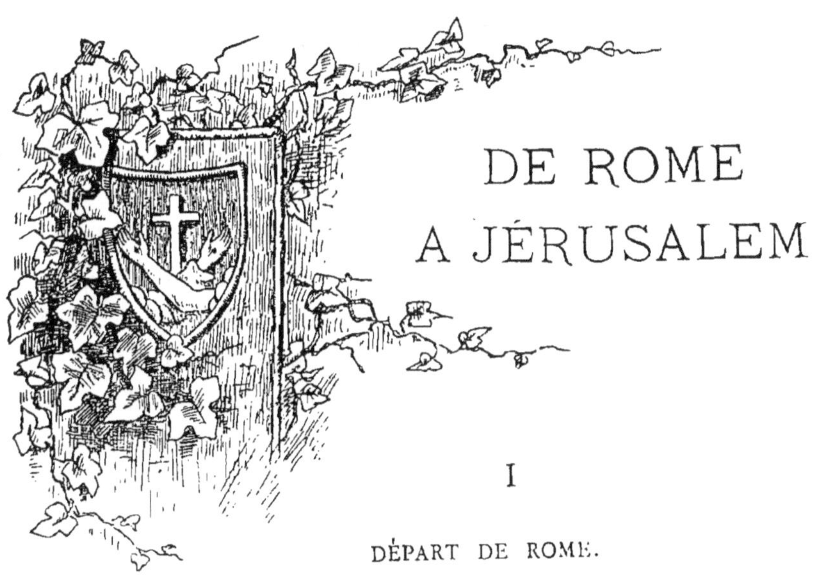

DE ROME
A JÉRUSALEM

I

L'Eminentissime Jean Simeoni, Cardinal de la Sainte Église Romaine et protecteur de notre Ordre, présida notre Chapitre Général qui eut lieu à Rome, au collège Saint-Antoine, via Merulana. J'y fus élu le 3 octobre 1889, Général de l'Ordre des Frères Mineurs. Je projetais aussitôt de me rendre en Terre-Sainte. Depuis saint FRANÇOIS aucun de ses successeurs n'avaient pu faire la visite de cette Custodie. Moi-même je n'arrivai pas à réaliser immédiatement mon désir, finalement j'annonçais mon départ par une circulaire spéciale ; la sainte Custodie fut également prévenue de la visite pastorale que je comptais faire. Mon voyage fut recommandé aux prières de tous. Le P. Augustin Zubac, Observant de la Pro-

vince d'Herzégovine et Définiteur Général fut nommé Délégué
en mon absence. Le Saint-Père daigna donner son consente-
ment à ce choix et le bénir, de même que le Préfet de la
Sacrée Congrégation de la Propagande. Je partis pour Naples,
accompagné du Procureur Général de l'Ordre, du P. Cyprien
Verdiani, Secrétaire de la visite et du Fr. Jean, mon socius.
Plusieurs Pères de la Curie m'accompagnèrent à la gare, le
Délégué Général, le P. Eusèbe Fermendzin, le Secrétaire
Général de l'Ordre et le P. Nicolas de S. Cassiano, mon Secrétaire particulier. Nous étions à la fois triste et joyeux. La
séparation était un sacrifice et le but du voyage une immense
consolation.

II

NAPLES ET LA TRAVERSÉE.

Je quittai Rome le 8 avril 1893, à 8 heures du matin; la
vapeur nous conduit vite. A 1 h. 1/2 nous sommes à Naples.
Ceux qui nous attendent à la gare sont nombreux, nous arrivons vers 2 heures à Monte-Calvario. Le Père Commissaire
de Terre-Sainte nous entoure de soins et de charité. Nous
passons là quatre jours; le 10, je célébrai la Messe à Sainte-
Marie-la-Neuve sur le corps de saint Jacques de la Marche,

recommandant à ce grand saint notre voyage et la visite que j'allais faire.

Le 12 au soir je récitai le chapelet avec toute la Communauté et aussi les prières de l'itinéraire. Ai-je besoin de dire que les cœurs du Père et des fils étaient émus à l'unisson ?

A 6 heures du soir, je quittai Monte-Calvario, accompagné d'un grand nombre de Religieux et je pris la route du port dit *l'Immacolatella*. Je fis là mes adieux à nos Pères parmi lesquels se trouvaient les Procureurs Généraux de l'Ordre et de la Réforme, le P. Raphaël de Paterno, Définiteur Général, plusieurs Provinciaux et Gardiens, aussi des prêtres et des laïques.

Nous soupâmes à bord. A 9 heures on lève l'ancre, nous faisons voile pour le détroit de Messine. Nous étions cinq : le Commissaire de Naples, mes deux compagnons que j'ai nommés plus haut et Fr. Antoine, socius du Commissaire.

13 avril. — La mer nous éprouve un peu, l'appétit n'est pas fort et je dois me retirer dans la cabine : il n'y a plus à en douter, je suis aux prises avec le mal de mer. Je lui paie un tribut dont je me passerais bien ; après cela le mieux se fait sentir et je puis dormir une heure. Le Fr. Antoine avait été malade avant moi.

A midi 1/2, Messine apparaît. Me trouvant fatigué je ne descends pas à terre ; plusieurs Pères vinrent me saluer à bord, entre autres le P. Serafino Cuzari. A 6 heures, nous quittons le port ; l'horizon était beau, le ciel étoilé, la mer tranquille.

III

ALEXANDRIE.

16 avril. — De Messine à Alexandrie nous n'avons mis que 69 heures. Jamais traversée ne fut si prospère ni plus tranquille. Les flots de la mer ne se faisaient point sentir, pourtant la croix ne se laissa pas oublier. Je pris une fluxion dentaire qui me fit souffrir surtout à mon arrivée en Égypte. Je quittai la mer presque avec regret. Quelle majesté ! Combien parle à notre âme l'immensité des eaux ! l'âme ravie et soulevée vers son DIEU s'écrie : « Combien est audacieux l'insensé qui blasphème. »

Belle comme je l'ai vue de Naples à Alexandrie, la mer ne fait vraiment pas désirer la terre. La sainte Écriture a bien dit de celle-ci : *Corrupit viam suam !*

A bord j'eus la fortune d'un entourage distingué et charmant ; en remettant le pied sur le sol ferme, il faut se retrouver avec la foule plus ou moins chrétienne, plus ou moins corrompue.

Aujourd'hui, vers midi, nous apercevons le port d'Alexandrie et les bâtiments. A 2 h. 1/2, nous sommes en vue de la ville. Nous jetons l'ancre, l'officier du gouvernement égyptien monte à notre bord, cela fait, nous gagnons la rive.

Les passagers débarquèrent; quant à moi je reçus à bord la visite du Vicaire Apostolique, Mgr Guido Corbelli, Mineur Observant, accompagné de son pro-Vicaire général, le P. Aurèle de Buia. A la barque qui les portait, flottait l'étendard de Terre-Sainte aux cinq croix et ils étaient escortés de deux janissaires.

Le Consul de France, le Custode, le Gardien de Sainte-Catherine et d'autres Religieux parmi lesquels le Gardien du grand Caire et le préfet de la Haute-Égypte viennent aussi me saluer. Parmi ceux qui viennent me souhaiter la bienvenue, se trouvaient des envoyés des fraternités du Tiers-Ordre maltais, etc.

Avec quel cœur je remerciai le commandant J. B. Gavino et nos autres compagnons de voyage ! Ce devoir rempli nous dîmes adieu au navire hospitalier, qui nous avait porté et nous gagnâmes la terre. On aurait peine à s'imaginer combien était nombreuse la foule qui nous attendait ; les Ordres religieux étaient représentés et des enfants répandaient des fleurs sur la route que devait suivre le successeur de saint François, pour se rendre de la rade à la douane.

La voiture où je montai était escortée de dragons à cheval

VUE D'ALEXANDRIE

et précédée de l'étendard de Terre-Sainte ; plus de vingt voitures suivaient. Ces hommages extraordinaires, rendus à notre Ordre en ma personne, étaient donnés non seulement par les Européens, mais encore par les Arabes. Leurs habits aux mille couleurs animaient le paysage et leurs saluts exprimaient l'affection de leur cœur pour les Fils de saint FRANÇOIS.

Je n'essaierai pas de décrire la place Sainte-Catherine, ces arcs de triomphe, ces bannières, ces festons ; les journaux en ont parlé avant moi. Arrivé à la porte de l'église, les cris de « Vive saint FRANÇOIS, vive le Général, se font entendre. » Deux orchestres remplissent les airs de leur harmonie, l'artillerie fait sonner ses foudres, les cloches, l'orgue y mêlent leurs voix ; quant à la foule elle est énorme.

Je fus reçu selon le cérémonial. J'avoue que j'étais très ému par un tel accueil. Je bénis le peuple empressé, dis deux mots affectueux de circonstance et rentrai au couvent fatigué, mais joyeusement impressionné. Sur l'arc de triomphe on lisait les inscriptions suivantes en latin :

« AU R_{ME} P. LOUIS DE PARME

MINISTRE GÉNÉRAL DE L'ORDRE DES MINEURS
ARRIVANT PARMI NOUS. »

A l'étage supérieur du couvent on lisait l'inscription suivante :

QUE CET HEUREUX JOUR, 16 AVRIL 1893,

SE PERPÉTUE DANS LES SOUVENIRS, PUISQU'IL A VU

LE R_{ME} P. LOUIS DE PARME,

LE PREMIER MINISTRE GÉNÉRAL

APRÈS LE SÉRAPHIQUE PATRIARCHE,

VISITANT L'ILLUSTRE MISSION DE TERRE-SAINTE.

SES FILS, TRESSAILLANT D'ALLÉGRESSE,

CONSOLÉS PAR SA PRÉSENCE ET SA PAROLE,

ONT VOULU CONSERVER LA MÉMOIRE DE SON ENTRÉE

AU COUVENT DE SAINTE-CATHERINE

IV

L'ÉPREUVE.

Au triomphe des Rameaux succéda la Passion de Notre Seigneur. Je devais marcher sur les pas de notre divin Maître. Le 16, j'avais eu une entrée triomphale à Alexandrie, le 17, je fus pris d'une angine. Impossible de recevoir les nombreuses visites que les personnes du plus haut rang venaient me rendre. Sequestré dans ma cellule j'étais réduit à l'inaction, et du 17 au 28, je ne pus célébrer la sainte Messe que deux fois, le 17 à l'église et le 23 à la chapelle. J'étais déjà malade depuis six jours, quand me sentant mieux je voulus essayer de sortir de mon inaction qui était une épreuve non seulement pour moi, mais aussi pour les autres. Aussitôt je retombai et le mal s'aggrava. Le médecin prescrivit alors un silence complet, un traitement plus austère. Avec l'aide de DIEU et de MARIE Immaculée le mieux arriva pourtant, et je puis espérer que la mortification qui le précéda ne sera pas sans profit pour mon âme et pour mon corps. Ai-je besoin de dire que tous les Religieux étaient attristés plus que moi en me voyant souffrant? Le Père Gardien désolé eut pour son malade les soins les plus affectueux. Mon docteur fut un juif nommé Signor Valenzin ; il me visitait deux fois par jour et fut rempli de prévenances.

Le couvent où j'ai ainsi souffert est situé dans une très belle position au centre de la ville dans la partie la plus européenne. La petite ruelle qui mène à la place de l'église sépare deux jardins qui sont la propriété de la Terre-Sainte. L'église est au milieu du couvent entourée du pensionnat et de l'école des Frères, tout près de l'hôpital européen tenu par les Filles de la Charité. La délégation apostolique se trouve là aussi ; tous ces bâtiments sont indépendants mais groupés. Les Frères ont 300 pensionnaires et 150 demi-pensionnaires. Un de nos Pères français y est leur confesseur et leur chapelain. Cet établissement porte le sceau de Terre-Sainte étant sa propriété ainsi que l'hôpital desservi également par les enfants de Saint-François.

Le couvent de Sainte-Catherine a trois étages ; le rez-de-chaussée, les ateliers ; quant aux deux autres ils contiennent environ cinquante cellules tant pour les étrangers que pour les membres de la Communauté. Chaque corridor a environ 5 mètres de large, 40 de long et 6 de hauteur. Les cellules sont spacieuses et bien aérées ; c'est une nécessité du climat en Égypte, où la chaleur est excessive.

L'église à coupole est très vaste et de style lombard, la nef grande et belle ; le chœur des Religieux et le sanctuaire sont majestueux. Ce monument a des chapelles et deux petites nefs, qui, malheureusement ne correspondent pas à la magnificence de l'édifice. Dans la coupole on voit des fresques de dates récentes et sans intérêt.

Dans le sanctuaire se dresse le trône épiscopal, cette église servant de cathédrale au Vicaire apostolique qui y fait les offices pontificaux.

Sainte-Catherine est l'unique paroisse latine d'Alexandrie. Elle compte environ 40 000 catholiques. Le Gardien est curé, il a sous sa dépendance divers coopérateurs de façon que chaque colonie soit pourvue spirituellement. C'est dans un centre de ce genre qu'on s'explique pourquoi l'Ordre des Mineurs universel dès son début a été appelé par la divine Providence à fournir aux Lieux-Saints des apôtres de toutes nations. Les Italiens sont les plus nombreux. Le Gardien, le Vicaire, le P. Marcellin en ont la charge, et d'autres encore selon les besoins. Le P. Louis de Malte est chargé de ses compatriotes, le P. Urbain de Mugron des Français, le P. Stanislas

Hraus, des arabes, le P. Raymond, des turcs et un Père Anglais s'occupe de la colonie britannique. C'est vraiment admirable de voir succéder les offices. Aux fêtes chaque colonie à une prédication faite dans sa propre langue ; aussi on peut dire que la chaire est continuellement occupée. Les instructions annuelles commencent le 1er dimanche d'octobre et finissent avec le mois de mai. Pendant le Carême outre les prédications habituelles, on donne encore des retraites, et durant le mois de mai la prédication est quotidienne. Dans cette église les offices sont plus nombreux que dans bien des cathédrales d'Europe. Les Religieux travaillent sans relâche, leur zèle est admirable et ils sont vénérés de tous. Aussi, malheur à qui touche les *Frères de la Corde,* c'est ainsi que les Arabes désignent les Fils de saint FRANÇOIS.

De cette paroisse dépendent trois succursales : la Marine, Moharem-Bey et Ramle. Le ministère de la ville et des résidences est fait par dix-sept prêtres, un clerc diacre, et seize Frères lais et Tertiaires. Ils ont deux écoles, dites franciscaines, qui sont très florissantes, l'une est située dans la ville près du couvent, l'autre est à la Marine. C'est là que se trouvent encore l'orphelinat et l'école des filles turques dirigés par les Franciscaines, dites du Caire. On les désigne ainsi parce qu'elles ont leur maison-mère dans cette ville, mais l'Institut a commencé à Ferentino.

Nos Religieux vont au chœur deux fois le matin, et deux

fois le soir. On se demande comment ils peuvent résister à une telle vie, et à un si grand travail. Il serait nécessaire d'augmenter le personnel, mais les charges de l'Ordre sont lourdes partout. Aidez-nous Seigneur ; la moisson est grande, et relativement il y a peu d'ouvriers !

Que dire de la ville, des costumes, des mœurs ? Par malheur, je suis resté prisonnier jusqu'au 29 avril, et n'en peux dire que peu de choses.

Alexandrie est une ville intéressante ; elle compte 300 000 habitants, mais c'est une population flottante. Les bâtiments fréquentent sa rade, les plus grands peuvent entrer dans son port. Il y a 40 000 catholiques latins, mais parmi eux malheureusement, beaucoup ne pratiquent pas et sont libres-penseurs, francs-maçons ou indifférents. Il y a également des grecs et des arméniens schismatiques, des hébreux et des protestants, mais la grande majorité de la population professe la religion musulmane. Dans un tel milieu que de corruption ! que de misères ! Le cœur est cependant consolé par la piété des catholiques pratiquants. Les Maltais se distinguent ; à Alexandrie, on les voit le matin et le soir à la paroisse ; les sacrements sont fréquentés, la parole de DIEU écoutée avec respect, le Tiers-Ordre nombreux et fervent. Aussi la religion est en honneur et l'église révérée. L'Alexandrie européenne est plus vaste que l'Alexandrie arabe. Ses établissements, ses jardins ne sont pas moins beaux que ceux que nous admirons en Europe.

Ce matin, 29 avril, j'ai pu ouvrir la sainte visite, selon les prescriptions du Rituel. A 9 h. 1/2, je suis assez bien pour sortir avec le Père Gardien, le Commissaire de Naples et mon secrétaire. Je rends leurs visites au Délégué apostolique et au Consul de France, mais je ne les rencontre pas. Dans l'après-midi, ce sont les Pères Jésuites qui nous reçoivent : leur accueil est plein de courtoisie. Ils nous font visiter leur collège ; tout est grandiose, bien aéré et disposé. Ils sont là depuis peu d'années et comptent déjà 300 ou 400 collégiens. Les Frères des Écoles Chrétiennes nous reçoivent à leur tour et sont également aimables. Le R. P. Bernardin Trionfetti, Custode de Terre-Sainte, les appela au Caire au nombre de huit *in subsidium Paræsia* afin de tenir les écoles de la Doctrine chrétienne. On leur a donné la jouissance du terrain et la construction nécessaire à l'œuvre, toutefois la propriété en est restée à la Terre-Sainte.

Après ces visites, je fis une longue promenade au Barrabey.

30 avril. — Dans la matinée j'ai visité l'hopital européen. Il est parfaitement tenu par les Filles de la Charité ; nos Pères y exercent le ministère spirituel. Le soir, ouverture du mois de MARIE. Que notre bonne Mère nous protège et m'aide dans mes travaux !

V

LE CAIRE.

Après avoir dit adieu à nos Pères d'Alexandrie, j'ai quitté cette ville le 1er mai à 7 heures du matin. Le Père Gardien d'Alexandrie nous accompagne. A 10 heures 1/2 nous arrivons à la station du Caire; le Père Gardien nous y attendait, accompagné du préfet de la Haute-Égypte. A cause de ma récente maladie, j'avais désiré garder l'incognito, et être reçu dans cette ville sans aucune solennité. Les Religieux m'attendaient à la porte du couvent, je les bénis et nous gagnâmes nos cellules. La maison était en fête, des tentures, des bannières ornaient l'escalier et le dortoir. Je trouvai là mon portrait en grand; on l'avait entouré de fleurs et d'une inscription :

LOUIS DE PARME
MINISTRE GÉNÉRAL DE L'ORDRE SÉRAPHIQUE
EST ACCUEILLI AVEC JOIE
PAR SES FILS AFFECTIONNÉS.

Dans la journée, les visites affluèrent ; des Frères, des coptes catholiques, Mgr Sogaro, préfet apostolique du Soudan, des maronites, des Jésuites, les Consuls de France, d'Autriche, d'Italie, etc., etc. Après ces réceptions eut lieu le souper, à la suite duquel j'annonçai que le lendemain j'ouvrirais la visite canonique selon le rite prescrit.

Le Caire est plus peuplé encore qu'Alexandrie, et a environ 500 000 habitants, le khédive y réside, et c'est le centre du gouvernement égyptien. Le climat quoique chaud, est salubre, excepté pour les yeux ; le Caire est très sec. La politique, le commerce y attirent les étrangers ; les Turcs, les Italiens, les Français, les Autrichiens, les Anglais et les Russes le fréquentent. Comme je l'ai dit, la colonie italienne est la plus considérable. L'indifférence en matière de religion domine dans cette cité, l'exercice du culte y est libre.

Au Caire, les catholiques latins sont moins nombreux qu'à Alexandrie, 15 000 environ ; il n'y a également qu'une seule paroisse dédiée à l'Assomption de la très sainte Vierge. Le couvent a deux succursales : Ismaïlia (Cairo) et Bolacco ; le Père Gardien est curé avec des coopérateurs pour chaque nation. Il y a également des Frères, un hôpital, les Religieuses, dites du Caire, dont nous avons fait mention, et aussi celles du Bon-Pasteur.

Mgr Combonni a au Caire un établissement de missionnaires. Les protestants de la société d'Amérique y dépensent des millions, ils font du mal, et espèrent envahir l'Égypte en travaillant sous la protection des Anglais. Ils veulent paralyser le catholicisme ; c'est aussi en Égypte, le but des sectes maçonniques de tous les rites.

Le Caire est dans une situation magnifique, ce qui lui procure l'air pur, l'abondance de tout ce qui est nécessaire à la vie, et assure la prospérité du commerce et de l'industrie.

Le grand Caire, ou Caire nouveau, est beaucoup plus considérable que le vieux Caire, et non moins avancé en civilisation qu'Alexandrie. Les Anglais font faire des progrès rapides à l'agriculture, le Nil fertilise cette magnifique contrée qui donne deux récoltes par an. On y trouve tous les produits, excepté la vigne, et si tout était cultivé avec un soin égal, l'Égypte serait un des pays les plus riches du monde. La nonchalance des Arabes retarde ce résultat, et puis, il faut bien le dire, les Européens vont là pour leur avantage et non pour celui des habitants du pays. Chez ces derniers que de misères ! et qu'ils font pitié ! d'autant plus qu'ils ne veulent pas sortir de leur grossière ignorance, et abandonner les coutumes qui les dégradent et les assimilent à la brute. Pourtant, ils ont été autrefois disciples de Jésus-Christ.

Aux points de vue religieux, moral, civil, matériel, ils sont dignes de compassion.

Au point de vue religieux, ils sont mahométans, superstitieux, fanatiques. Malheur à celui qui ose s'écarter de la lettre ou simplement la blâmer ! Il n'est pas nécessaire qu'ils sachent le pourquoi de la loi, Mahomet n'a pas voulu qu'on discute un fait de religion. Ils sont si aveuglés que pour leur prophète, ils acceptent n'importe quelles peines et sacrifices. Au plus fort de la chaleur, sous leur soleil brûlant, des milliers et des milliers entreprennent le voyage de la Mecque. Je les ai vus moi-même se rendant d'Alexandrie au Caire, du Caire à Port-Saïd, foule immense d'hommes, de femmes, et même de vieillards et d'enfants. Ils croient s'assurer le paradis en faisant ce pèlerinage. Ceux qui n'ont pu s'y rendre saluent le retour des pèlerins par les plus singuliers excès. Les considérant comme saints, ils se jettent sous leurs chevaux, leurs chameaux ; plus ils sont maltraités, blessés, plus ils sont sanctifiés à leurs yeux ; si l'un d'eux reste mort, il est regardé comme un homme prédestiné. Depuis 1882 les Anglais ont interdit cette bousculade barbare ; mais elle est toujours dans le désir des Arabes, et fait comprendre leur état misérable en fait de religion.

Légalement, il y a la liberté des cultes ; mais en réalité la loi du coran qui permet de tuer un converti, existe toujours ; aussi la conversion d'un musulman est bien rare. Ceux que la grâce touche par exception, sont obligés de se soustraire aux persécutions de leur famille et de leurs coréligionnaires.

Pauvre Égypte ! si peuplée, si privilégiée de la nature, tu vis ainsi depuis des siècles dans les ténèbres de la mort et privée des bénéfices de la Rédemption !

Les mosquées remplissent les villes, les minarets s'élèvent de toutes parts et se dessinent sur l'azur du ciel. C'est là que le *santon* invite à la prière trois fois par jour. Le Caire fourmille de ces minarets. Alexandrie en a moins, mais beaucoup encore et il n'est pas de village qui n'en compte au moins un ou deux. Les mosquées ont des coupoles, plusieurs superbes. Quelle tristesse que de si beaux temples soient consacrés au culte de Mahomet !

Du côté moral, l'Arabe n'est pas mieux partagé. Les passions humaines ne reçoivent aucun frein des lois du mahométisme ; les femmes doivent se soumettre à des observances extérieures, on les voile, on les enferme, celles même qui sont de basse condition ont le visage couvert d'une sorte de loup qui ne laisse libre que leurs yeux. Les coptes schismatiques se couvrent seulement le menton d'un voile blanc. Les femmes musulmanes ne sont guère qu'une marchandise pour ceux qui sont soumis au coran. Plus on est riche, plus on les entasse dans un harem ; elles n'en peuvent sortir ni communiquer avec les étrangers ; leurs fenêtres sont celles d'une prison de forçat ; on les nourrit, on les soigne tant qu'elles plaisent au maître ; s'il n'en veut plus il les chasse misérablement, et les voilà sans toit et sans pain.

Ajouterais-je qu'un santon a le droit de pénétrer dans n'importe quelle maison et de s'emparer de celle qui lui plaît davantage. On voit jusqu'où est tombé ce pauvre peuple quant à la morale.

Que peut être au point de vue civil un peuple qui professe des maximes absurdes et corrompant le cœur ? Aussi les quar-

tiers arabes du Caire sont-ils sales, dégoûtants ; on croit
avoisiner des bouges, des tanières d'animaux, et non des
habitations humaines. Hommes, femmes, chèvres, moutons,
et toutes sortes de bêtes, y vivent dans un pêle-mêle sauvage.
Si vous passez dans ces rues semées d'immondices, vous
respirez une odeur nauséabonde, fétide, meurtrière.

Que dire des Arabes qui vivent dans les campagnes ! En
nous rendant d'Alexandrie au Caire, nous avons rencontré de
nombreux villages, vraies tanières jointes ensembles, élevées
de deux mètres au-dessus de terre, et formées par des cannes
et de la boue. Aucune fenêtre ne se montre à l'extérieur ; je
ne les ai pas visitées, mais rien qu'à les voir, on devine
combien sont misérables et malsaines de telles habitations.

Tous ces petits centres sont bâtis près d'une île ou de
quelques canaux ; dans chacun se voient une ou plusieurs
mosquées à coupole ou minaret ; à côté, le cimetière où,
au niveau du sol se trouvent de grossiers sarcophages, faits
de briques jointes avec de la tourbe. C'est là qu'ils déposent
leurs défunts. La multitude de ces villages indique combien
l'Égypte est peuplée, mais leur malpropreté, leur corruption,
l'excessive chaleur ne donnent pas une longue vie aux habitants. Leur apparence attriste : bien que jeunes, ils sont jau-
nâtres, abattus, vifs cependant, mais sans force. A quarante ans
ce sont des vieillards voûtés ; d'ordinaire ils ne dépassent pas
cinquante-cinq ans.

Les Européens ont pénétré dans le pays, mais les Arabes
se sont tenus de côté, préférant vivre dans leur ignorance et
leur abjection.

Le côté matériel se devine. Ils sont avides de l'argent, pour
l'accumuler ils vivent non seulement frugalement mais comme
des misérables, alors même qu'ils sont laborieux. Des galettes,
des fruits, bien rarement de la viande de mouton, et de l'eau
claire leur suffisent. Ils font vraiment sans profit la pénitence
des anachorètes.

Quant à leurs vêtements ; le bas peuple est malpropre et en
guenilles ; il est par le fait, esclave des fatigues matérielles
que font peser sur lui les riches et les pachas.

Quand te relèveras-tu, pauvre peuple égyptien, peut-on
espérer que la civilisation chrétienne reviendra à toi ?... Oui, de
Dieu, et par Dieu, on peut avoir cet espoir : Il a fait toutes les
nations guérissables.

J'ai passé neuf jours au Caire, malade de nouveau, et faisant
néanmoins la visite canonique. La paix que j'ai trouvée chez
nos Pères, et la bonne renommée dont ils jouissent m'ont été
une grande consolation.

Notons en passant un fait qui ne trouverait pas son pareil
dans notre Europe. Le cimetière catholique était insuffisant,
de plus, trop d'indulgence y avait laissé ensevelir des libres-
penseurs et des impénitents. Le curé, aidé de ses paroissiens,
fit l'acquisition d'un are de terre pour en faire un nouveau

cimetière, mais en même temps, il déclara qu'il profiterait du changement pour empêcher tout abus contraire aux lois ecclésiastiques, et qu'il n'accorderait pas la sépulture catholique aux libres-penseurs et aux impénitents. A cette nouvelle, les francs-maçons et autres du même genre firent du tapage et des menaces, ils recoururent même au pouvoir civil. Le gouvernement égyptien porta l'affaire aux Consuls ; le Père curé demeura libre chez lui et on répondit aux révoltés qu'ils pouvaient faire comme les catholiques, acheter un are de terre et s'y faire enterrer comme ils l'entendraient. Ils acceptèrent le conseil, et au Caire il y a deux cimetières : celui des catholiques et celui des libres-penseurs.

VI

PROMENADES AU CAIRE.

Tout en faisant la visite canonique, je fus rendre visite au Ministre diplomatique de la France près du khédive, au Consul supérieur, à Mgr Sogaro, aux Sœurs du Bon-Pasteur, de Saint-Joseph qui sont à l'hôpital européen, aux Franciscaines du Caire. Je retournai chez ces dernières le 4 mai, pour célébrer la sainte Messe, et recevoir la profession religieuse de trois novices. Cet Institut fait un grand bien.

Je me reposais de temps à autre en visitant la ville et ses

environs. Le Caire rivalisera bientôt par ses rues, ses jardins, ses maisons, ses places, avec les plus belles villes de l'Europe. Ce qui rend cette ville fatigante et peu salubre, c'est l'horrible poussière occasionnée par le vent qui y souffle presque sans cesse. Cette vraie plaie d'Égypte engendre la multitude de maux d'yeux, dont tant de personnes ici sont atteintes.

Je visitai la citadelle d'où on domine toute la ville. Elle est maintenant aux Anglais. C'est un monument beau et grandiose. Au milieu se trouve la principale mosquée. Avant d'y entrer vous devez chausser des babouches de laine rouge ; un vieil Arabe, plus intéressé que propre, vous livre ces chaussures moyennant les fameux *backchichs*. Ainsi chaussé, vous pouvez entrer dans le temple entouré d'un portique de marbre soutenu par des colonnes d'une très belle architecture. Sur tous les murs, tant à l'extérieur qu'à l'intérieur, sont gravées en langue arabe des maximes du coran. Dans le cloître qui entoure la mosquée une riche fontaine alimentée par les eaux du Nil, verse ses ondes dans des piscines. C'est là que les disciples de Mahomet font les ablutions prescrites par le rite musulman, là qu'ils se purifient avant d'entrer dans le temple. On arrive à la mosquée par une partie intérieure du cloître. Dès qu'on est sur le seuil on demeure frappé par la magnificence de ce monument. Il forme une croix grecque, l'albâtre le rend éblouissant ; la richesse des marbres, des peintures, des lambris d'or, des stucs est aussi indescriptible. Le pavé est couvert premièrement d'une natte ; puis au-dessus s'étalent des tapis de Cachemire ; c'est autant à cause d'eux, qu'en raison du respect dû à Allah, que les visiteurs sont obligés de circuler avec des babouches. De la coupole vert émeraude s'échappe une forêt de chaînes d'or soutenant des lustres et des lampes. Nous étions tout près du Ramadan et des milliers et milliers de lumières étaient préparées pour la fête.

Dans le lieu destiné aux *santons,* qui sont les prêtres musulmans, il y a une tribune en forme de chaire pour le vice-roi, et une autre plus élevée pour les santons ; c'est là qu'ils lisent et commentent le Coran. Dans le fond du demi-cycle est une sorte de niche à fleur de terre, où le chef des santons vient prêcher ou présider les fonctions solennelles.

S'il était permis de changer cette mosquée en église catholique, on n'aurait presque rien à y modifier ; seulement à élever un autel, et à substituer les inscriptions tirées de l'Évangile à celles du coran. Quelle superbe basilique, quel magnifique sanctuaire aurait alors notre bon et divin Maître. Il rivaliserait pour la grandeur, la richesse, la majesté, avec les plus belles églises de Rome et du monde chrétien. On dit que l'architecte a eu cette pensée, et qu'en y travaillant, il demandait à Dieu qu'elle devint un jour la cathédrale du Caire.

Pour le présent on y trouve toujours un santon officiant. Celui que nous vîmes était un vieillard à cheveux blancs, assis par terre, avec une sorte de lutrin devant lui, il feuilletait **son** coran comme nous notre bréviaire, ses yeux étaient fixés sur son livre, il ne les détournait ni à droite, ni à gauche, murmurait ses prières, on aurait pu le prendre pour un anachorète. Pourtant, pauvre aveugle, il avait des yeux, et ne voyait point la vérité ! Nous sortîmes, nos cœurs saignaient : la vue de tant de richesses prodiguées pour un culte absurde et immoral nous avait attristés. Que Dieu ait pitié d'eux !

Une autre promenade nous fit passer le long et large pont qu'on a nouvellement jeté sur le Nil. Une route ombragée conduit aux Pyramides. Nous vîmes de loin ces géants. Nous visitâmes aussi le musée égyptien, il est dans un magnifique et riant palais ; on y trouve une quantité innombrable d'objets antiques et modernes qui racontent à eux seuls toute l'histoire de l'Égypte. Chaque époque y fournit son contingent. Je n'essaye pas de décrire toutes ces merveilles ; des savants y consacrent toute leur vie, et moi, je passe avec d'autres devoirs, et rapidement, au milieu de ces magnificences.

Une heure et demie : c'est tout ce que j'ai pu donner à ce musée magnifique. J'ai néanmoins vu toute la dynastie des Pharaons : maris, femmes, fils, personnages nobles et célèbres, momies surprenantes, dans un état de conservation stupéfiant. A cause de cela, je trouve ce musée un des plus riches et des plus intéressants du monde.

A côté de ces vieux souvenirs des adorateurs de l'Ibis, et de tant d'autres divinités mensongères, je rencontrai des restes plus précieux à mon âme. Le vieux Caire renferme la maison où la sainte Vierge demeura sept ans avec l'Enfant Jésus et saint Joseph. L'ange avait ordonné à ce dernier la fuite en Égypte pour échapper à la persécution d'Hérode : le saint Patriarche dut emporter dans l'exil la Mère et l'Enfant. Le lieu habité par la sainte Famille est actuellement une église très antique, et aussi très délaissée. Les coptes schismatiques la possèdent, mais l'entretiennent fort mal. Cela diminue la consolation qu'on éprouve à prier dans ce saint lieu. Plusieurs espaces spéciaux sont indiqués aux fidèles ; par exemple, une excavation où la très sainte Vierge baignait l'Enfant Jésus. Tout à côté est une maison, propriété de la Terre-Sainte, mais en mauvais état. Dans le passé, la demeure de la sainte Famille appartint à nos Religieux.

Nous eûmes encore la consolation de visiter l'arbre de la sainte Vierge, qui est à 3 kilomètres du Caire. Il est appelé de la Madone, parce que fatiguée, la sainte Vierge se reposa sous son ombre avec son divin Fils et saint Joseph. Cet arbre est excessivement vieux, de l'espèce du fricus-fatua dont parle l'Évangile, chargé de fleurs et de fruits pas mûrs. Pour entrer dans l'enceinte, les Arabes vous font payer le backchich. Il y a aussi une fontaine, dite de la Madone ; nous bûmes de son eau par dévotion.

Le 7 mai, dans l'après-midi, je dis quelques mots aux Tertiaires et je donnai la bénédiction au peuple.

VII

ISMAÏLIA ET PORT-SAÏD.

Le 9, je pris congé de la communauté ; à 6 heures 1/2, je quittai la cité des pyramides pour me rendre à Ismaïlia-Canal. Le train dut s'arrêter 1 heure 1/2 à Zalga, et nous arrivâmes une heure après minuit à Ismaïlia.

Le 10 mai, je commençai la visite canonique : il y a trois Pères et trois Frères. Je reçus la visite des Sœurs Franciscaines Missionnaires qui ont là une école. L'hôpital est tenu par les Filles de la Charité. Je visitai l'école franciscaine qui est très florissante.

A 2 heures 1/2, j'étais à bord d'un vapeur mis gracieusement à ma disposition par le Ministre diplomatique de France en résidence au Caire. A 7 heures, nous étions à Port-Saïd.

On peut dire que toute la ville s'était rendue au port. En tête de la foule se trouvaient le Consul de France et les autres notables. Après les salutations, la procession se mit en marche ; elle se composait des Religieux, des élèves des Sœurs du Bon-Pasteur, des Tertiaires, des habitants de la ville, des élèves de nos écoles franciscaines, les petits portant des flambeaux, et les grands des lanternes. Le parcours était long et cependant rempli par le peuple, les fenêtres garnies de spectateurs, et la procession devait se frayer un chemin entre deux files de gens entassés. Les janissaires des Consuls de France, d'Espagne et d'Autriche nous faisaient le passage. Nous arrivâmes ainsi à l'église illuminée et parée comme aux grandes fêtes. Le Père Gardien, en chape, m'attendait à la porte. Le cérémonial accompli, je remerciai le Consul français, qui m'avait accompagné jusque-là, les Religieux et les notables de la ville de l'accueil imposant qu'ils venaient de me faire. Je donnai à tous la bénédiction séraphique ; puis, fatigué et baigné de sueur, je pus prendre un peu de repos.

13 mai. — J'ai fait ces trois derniers jours la visite canonique. Ici les chrétiens dominent, mais tous sont bien loin d'être fervents ; ils sont surtout Français, Italiens et Maltais. Quatre Pères sont consacrés à l'unique paroisse, il y a aussi une école franciscaine. La ville est neuve. Autrefois, c'était le désert ; depuis qu'on a percé l'isthme de Suez, un port important a été créé et il rivalise presque avec celui d'Alexandrie. On peut dire, hélas ! que les nations européennes envoient leur écume à Port-Saïd : libres-penseurs, incrédules, francs-maçons. Heureusement que les Frères, les Sœurs du Bon-Pasteur ont créé des établissements. Les maisons sont la plupart en bois ; mais le démon de la truelle semble vouloir se faire connaître ici, et on commence à construire à l'européenne avec une rapidité fébrile.

Aujourd'hui dans l'après-midi, j'ai clos la visite par la
bénédiction papale. A 4 heures 1/2, nous serons à bord du
Lloyd. Les directeurs ont eu l'amabilité de nous procurer
cinq places de première classe pour le prix des secondes.

Adieu donc à l'Égypte ! que les bons anges de cette terre
la ramènent à la foi ! Dieu doit l'aimer puisque son peuple,
son divin Fils, tant de saints et de solitaires y ont vécu à sa
gloire et pour son amour.

VIII

DE PORT-SAÏD A CAÏFFA.

Hier, avant notre départ de Port-Saïd le Consul de France
est venu nous souhaiter bon voyage à bord du *Lloyd.* Le
commandant de ce bâtiment est d'Istria, il est parfaitement
bon pour nous.

Dès 6 heures, nous sommes en vue de Jaffa, après un
voyage heureux à travers une mer des plus tranquilles. A
bord, je reçois la visite du Père Custode de Terre-Sainte, du
Procureur, du Secrétaire Custodial. Le président de Jaffa, le
Fr. Joseph de Naples et d'autres Pères vinrent aussi me
saluer. Je m'entretins d'affaires avec le Père Custode qui dut
me quitter à 11 heures, devant se hâter de retourner à
Jérusalem, afin d'assister à l'ouverture du Congrès Eucharis-

tique que le Cardinal Langénieux, archevêque de Reims, doit présider au nom du Pape.

A 8 heures du soir, nous arrivons à Caïffa ; nous débarquons sur ce sol béni qu'on a appelé avec raison la Terre-Sainte. Des jeunes gens sont sur le bord, ils portent des lanternes qui éclairent la plage et la route. Une foule de personnes sont à nous attendre, l'hospice de Terre-Sainte est illuminé, quantité de notables de la ville assistent à notre débarquement et nous accompagnent ; je citerai parmi eux le vice-consul de France, le vicaire du Carmel, le curé Carme de Caïffa, un maronite notre bienfaiteur ; il y avait aussi de nos Religieux. Ceux-là vinrent jusqu'à bord à notre rencontre, c'étaient le Père Gardien de Nazareth, le président de Saint-Jean d'Acre, et le Père curé de Nazareth.

A Caïffa la Custodie possède un hospice destiné à recevoir les étrangers. L'église n'y est pas publique, cette mission n'appartenant pas à la Custodie mais aux Carmes déchaussés.

IX

LE MONT CARMEL.

16 mai. — Hier à 8 heures du matin, nous montâmes en voiture. Les Pères Carmes nous reçurent à la sainte montagne du Carmel avec la plus délicate courtoisie. Ils ont

Le mont Carmel.

voulu accueillir le successeur de saint FRANÇOIS comme s'il était leur Père La célèbre montagne est très haute. Du sommet, le panorama est splendide. La mer est à sa base, l'œil ravi se promène sur les flots : les vagues, les navires les bâtiments à vapeur, qui les sillonnent en tous sens, les petites barques de pêche animent la rive, puis les chaînes de montagnes, les collines verdoyantes servent de ceinture aux flots. Le mont Carmel a aussi à ses pieds la ville de Caïffa. Son port n'est pas sans importance ; on y voit çà et là des constructions européennes spécialement la colonie agricole des Prussiens. Vraiment, l'ensemble du paysage mérite bien l'appellation de *decor carmeli*, beauté du Carmel.

Comme tous les Lieux-Saints, le sanctuaire du mont Carmel a traversé beaucoup de vicissitudes ; aussi, hélas ! rien d'antique ne vient rappeler les anciens souvenirs ; seule la grotte du prophète Élie nous ramène au passé. Le couvent est une sorte de forteresse à la cîme de la montagne ; on peut y vénérer une antiquité. Au pied de la montagne se trouve une grande salle longue de vingt mètres environ, large de douze, et haute de cinq ; on la désigne sous le nom d'*École des prophètes*. Au côté gauche on remarque une excavation haute de trois mètres, ayant deux mètres de largeur et un mètre de profondeur. Elle sert de chapelle, un banc l'entoure en guise de lit. La tradition raconte que la sainte Famille retournant d'Égypte en Galilée, s'y arrêta pour y prendre du repos. Dans les temps primitifs du christianisme, saint JOSEPH était particulièrement vénéré dans ce petit sanctuaire où il avait conduit JÉSUS et MARIE. On y avait élevé un autel orné d'une peinture en son honneur. Cette école des prophètes, qui a également un banc de pierre tout autour, n'appartient pas aux catholiques ; les musulmans en ont fait une mosquée qui a son grand saint ou santon.

X

NAZARETH.

Nous avions quitté le mont Carmel dans l'après-midi du 16 mai, pour retourner à Caïffa. Le 17, dès l'aurore, nous voilà enfin en route pour Nazareth. Trois grandes voitures de la société prussienne nous servent de véhicules. Je monte dans la première avec le Gardien de Nazareth, le P. Marcel de Neuillac de la Province de Saint-Louis, le P. Commissaire de Naples, et le P. Verdiani. Dans la deuxième le P. Léon d'Alep, curé de Nazareth, le Fr. Jean, mon compagnon, celui du commissaire de Naples et quelques serviteurs ; dans la troisième prirent place, Fr. Joseph de Naples, le procureur du couvent de Nazareth, le fils du Trucheman de Nazareth et les provisions pour le voyage et le couvent.

Trois janissaires ouvraient la marche ; deux appartenaient au couvent de Nazareth, un à celui de Jérusalem. Le Père Custode les avait mis à notre disposition.

La Galilée est vraiment belle, et serait très fertile si elle était plus peuplée et sa population moins fainéante. Des pics élevés, des collines, des montagnes verdoyantes pour la plupart, sont entremêlés de vallées et de plaines entre lesquelles je nommerai la fertile Esdrelon. Elle s'étend de Caïffa au mont Thabor.

De Caïffa à Nazareth on ne rencontre que quelques villages turcs misérables et dignes de pitié. Ceux des Arabes de l'Égypte leur sont encore supérieurs. Ce petit voyage est pénible, mais divertissant et varié. Presque à mi-chemin, sur une hauteur, à l'ombre d'un bosquet, nous fîmes joyeusement un court et bon déjeûner ; il était environ 9 heures du matin. Après un peu de repos, nous nous remîmes en route.

Une heure avant d'arriver à Nazareth, nous aperçûmes une troupe à cheval; vingt Nazaréens, très habiles cavaliers, accouraient à nous. Dès qu'ils nous eurent joints, ils mirent pied à terre, et vinrent à ma voiture me souhaiter la bienvenue. Après m'avoir baisé la main, ils entourèrent nos véhicules, se livrant à toutes sortes de fantaisies équestres pour nous faire honneur. Rien de plus gracieux que leurs courses, leurs allées, leurs venues, le tout accompagné de décharges d'armes à feu. Leur nombre allait toujours en augmentant ; à la fin il dépassait 200 cavaliers.

Plus près de Nazareth, nouvelle surprise, nouvelle merveille ! Cette fois ce sont des chameaux enrubannés et couverts de fleurs. Les chameliers et leurs montures sont d'un effet très pittoresque. Partout on chante joyeusement l'arrivée du successeur de saint François.

Enfin à 2 kilomètres de la ville, le gouverneur avait envoyé un peloton de cavalerie pour nous faire une escorte. Elle me rendit d'abord les honneurs militaires et précéda ma voiture. Bien plus, à l'entrée de Nazareth un détachement de troupes à pied avait été envoyé par le même gouverneur pour se joindre à la cavalerie. Toute la population se trouvait sur la route, je dus descendre de voiture, et continuer à pied et à pas lents le trajet, tant la foule était compacte. Ce spectacle imposant me fit oublier un moment que je me trouvais sous la domination du croissant. Un état chrétien aurait-il montré autant de reconnaissance et de respect que ces musulmans, qui ont vraiment pour les Fils de saint FRANÇOIS vénération et amour ?

Sur l'église de Nazareth flottait l'étendard de Terre-Sainte, la place était ornée d'un arc de triomphe formé par des draperies en festons et des fleurs. On y lisait l'épigraphe suivant :

DANS CE SANCTUAIRE OU LE SÉRAPHIN D'ASSISE PRIAIT
ON FÊTE AUJOURD'HUI, 17 MAI 1893,
L'ARRIVÉE DU RME P. LOUIS DE PARME
VENANT VISITER SES FILS
ET LE PEUPLE JOYEUX DE LE RECEVOIR.

Le cérémonial de réception étant accompli, après avoir donné la bénédiction séraphique à la foule, et lui avoir adressé quelques paroles affectueuses, je me retirai au couvent pour me reposer.

17 mai. — Dès le soir de mon arrivée à Nazareth, je commençai la visite en adressant au chœur, à nos Religieux, quelques paroles pour l'ouverture.

Que de réceptions pendant les dix jours que je passai à Nazareth ! Députation de la nation latine, caravane de pèlerins italiens, l'abbé Louis Monnier, curé dans le voisinage de Nazareth, avec son coopérateur, le curé arabe d'une paroisse voisine, des Tertiaires, les Frères, une députation nombreuse de grecs schismatiques, (l'évêque et ses prêtres étaient à leur tête). Le chef des santons, le gouverneur, le juge, le chef de la police, le curé grec-uni, les Pères présidents de Cana en Galilée, celui de Tyr, de Tibériade. Je convins avec ces derniers du moment favorable pour visiter ces résidences.

Parlons maintenant de Nazareth, de ses sanctuaires, de ses résidences pour les *pèlerins* (1), du couvent, de la ville, des habitants.

La chère cité est dans une position belle et salubre, entourée de collines et de montagnes verdoyantes et cultivées. Pour cette raison l'aurore amène un peu de brouillard, mais il n'est point malsain. Le soir, le vent s'élève, le *chamsin* souffle même parfois, mais rien de tout cela ne nuit au séjour de Nazareth.

Les constructions y sont solides, assez belles, quelques-unes sont bâties à l'européenne, et adossées à la montagne qui forme un demi-cercle. Elles s'élèvent en amphithéâtre, ce qui donne un joli aspect. Les rues sont étroites, pas bien tenues, mais comme elles sont en pente, elles semblent moins sales que celles du vieux Caire. La population est affable, calme, tranquille. Étant sequestré des grands centres, le commerce y est quasi nul. En tout il y a 7 000 habitants qui sont ainsi répartis :

(1) En italien on les appelle *ospizio*.

1 100 catholiques latins, 200 grecs catholiques, 2 000 grecs schismatiques, quelques protestants ; les musulmans forment le reste de la population. Les catholiques sont bons, pieux, assidus à l'église, tenant à la pratique religieuse et très dévots à la sainte Vierge. La population est pauvre et peu laborieuse ; il semble pourtant

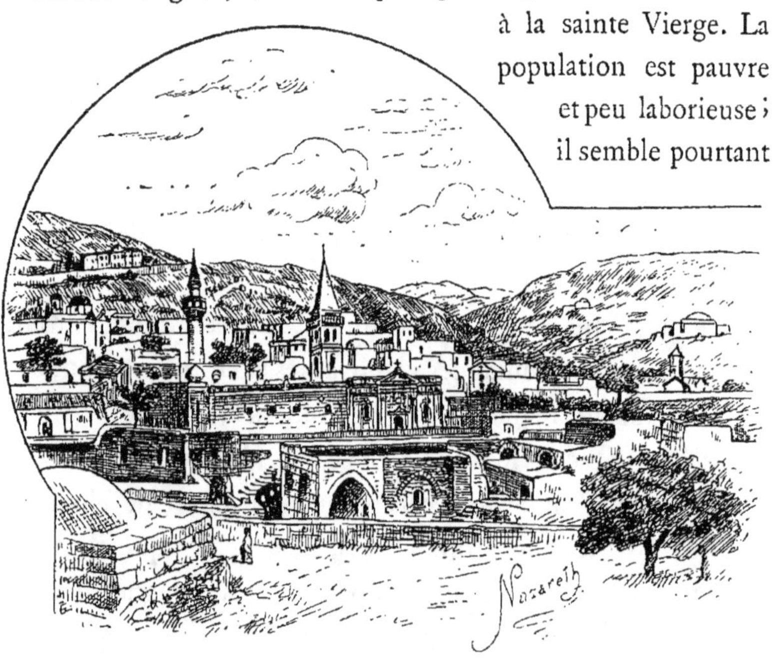

que l'ombre de la Sainte Famille plane encore sur ce milieu béni.

Comme Ordres et Instituts religieux, il y a nos Pères, les Clarisses qui font les vœux solennels et ont la clôture papale, quatre Frères, les Sœurs de Saint-Joseph fondées par l’abbé Lemonier. Outre ces Instituts catholiques, les protestants ont implanté à Nazareth dans des maisons construites *ad hoc* leurs diaconesses et sœurs du même genre.

Je passe maintenant à la description de notre couvent et des établissements qui en dépendent. La demeure de nos Pères est vraiment digne de Nazareth et de saint François. Rien de grand, nulle splendeur. A l’étage supérieur trois corridors qui ne sont ni larges, ni hauts. Les cellules sont telles que doivent les avoir de dignes fils du Patriarche d’Assise. Le quatrième corridor est celui du noviciat; ce dernier lieu excède en misère, il est même trop étroit et trop privé d’air. Le Custode actuel s’est occupé de donner aux Religieux ce qui est nécessaire à la santé et à la vie; il a renouvelé le couvent, mais à la franciscaine, et comme je l’ai dit plus haut, on y respire cet esprit séraphique qui embaumait nos maisons de l’Observance au XVe siècle. Malgré cela la nouvelle partie est aérée et salubre, tout en inspirant la dévotion par sa pauvreté. Malheureusement les ressources ont manqué pour finir; espérons que la divine Providence, qui n’abandonne jamais ceux qui mettent en elle leur confiance, viendra au secours de cette œuvre. Le couvent terminé, douze novices pourraient y être formés à la piété et à l’esprit séraphique par le P. David de Vigone, de la Province des Observants de Turin. Il exerce depuis dix-huit ans l’office de maître des novices, avec un zèle et une ferveur qui sont une vraie grâce pour la jeunesse qui passe entre ses mains. Par sa haute vertu il a bien mérité de l’Ordre et s’est acquis des droits à la vénération de tous.

Le couvent de Nazareth a environ trente Religieux ; leur fatigue est immense. Tout d’abord, les fonctions dans le sanctuaire : deux Religieux sont chargés de la paroisse, mais il faut aussi satisfaire la dévotion des pèlerins qui accourent à Nazareth de toutes les parties du monde. Les écoles, dites paroissiales, ont cinq professeurs : quatre Religieux et un Prêtre maronite leur auxiliaire ; on y enseigne l’italien, le français et l’arabe, la calligraphie, la géographie et l’arithmétique. Le gouvernement turc et la population ont nos professeurs en grande estime. Lorsque les Franciscains circulent dans la ville, le respect les accueille partout. Les catholiques cherchent à les saluer, à leur baiser les mains, et les Turcs leur rendent aussi la politesse en usage dans leur nation.

Les résidences dépendant du couvent de Nazareth sont : Cana en Galilée et Acre qui ont en même temps une paroisse et une école, Tibériade qui a aussi une école, Caïffa et la sainte montagne du Thabor ; quatorze ou quinze Religieux forment le personnel de ces résidences. De même que le couvent de Nazareth duquel ils dépendent, ils n’ont aucun revenu ; les dévots pèlerins y apportent quelques petites offrandes, mais c’est la caisse de Terre-Sainte qui doit subvenir à leur entretien, aux dépenses de tous ces sanctuaires et de leurs hospices. C’est une lourde charge.

Nazareth a plusieurs lieux de pèlerinage. Tout d'abord, l'église de la sainte Annonciation. Elle a trois nefs, est longue de 30 mètres environ, et large de 20 mètres ; elle est belle, propre, gracieuse, mais modeste. Ce sanctuaire a une crypte, lieu où Marie reçut, dit-on, le salut de l'Ange ; on y lit cette inscription : *Verbum caro hic factum est.*

Ce lieu est entouré de grottes adjacentes, qui forment un tout avec la maison de la sainte Vierge. On y descend par un bel escalier correspondant avec le sanctuaire supérieur. Je n'entreprendrai pas de faire de ce lieu une description détaillée ; on peut consulter à ce sujet le guide des sanctuaires de Terre-Sainte par le Fr. Liévin, spécialement la dernière édition de 1887. J'aime cependant à noter que dans le sanctuaire des lampes précieuses brûlent sans cesse ; elles sont les dons des princes et des riches bienfaiteurs. Chaque jour après vêpres, on fait la procession.

O Nazareth, ville des fleurs, tu es vraiment un joyau qui enchante et passionne. Dans ta riante simplicité, tu inspires des sentiments de vraie dévotion, tu invites à prier, tu parles avec éloquence de Marie, tu la fais concevoir la plus humble et la plus haute à la fois parmi toutes les créatures. Tu gardes un rayon de son humilité, de sa dignité, de sa bonté, de sa miséricorde, de sa puissance, de son amour. Oui vraiment bien doux, bien suaves sont les sentiments qu'inspire Nazareth !

Un second sanctuaire est également dédié à Marie à

Nazareth, celui de la *tremor* ou de la crainte. La Vierge trembla en ce lieu dans la crainte que son divin Fils ne fut précipité de la montagne qui se nomme mont du précipice, et se voit de Nazareth et surtout du Thabor.

Le sanctuaire de la Cène du Christ est encore un lieu de pèlerinage ; on y vénère un gros rocher de pierre grise, ayant la forme d'une table. La tradition raconte qu'après sa glorieuse Résurrection Notre Seigneur apparut là à ses apôtres et mangea la Cène avec eux.

Nommons encore la fontaine de la Madone ; chaque pèlerin veut boire l'eau de cette source où puisa la main immaculée de Marie. Enfin l'Atelier de Saint-Joseph. La Terre-Sainte a acquis beaucoup de maisons autour de cet oratoire vénéré de tous temps. On détruisit les maisons qui étaient de vrais galetas ; les sondes faites alors, ont fait découvrir l'antique basilique de Saint-Joseph, bâtie par sainte Hélène. Elle a trois nefs. On espère la relever à l'aide des aumônes données par les dévots du grand Patriarche.

Tout près de Nazareth est Naïm. La Terre-Sainte y a une maison et une église dédiée à Saint-Jacques sur l'emplacement de la maison du saint apôtre.

Disons maintenant adieu à ces lieux vénérés ; mais si on les quitte, on y laisse une partie de son cœur. On sent que c'est là surtout que la sainte Famille nous a servi de modèle en vivant, priant et aimant Dieu.

XI

LA SAINTE MONTAGNE DU THABOR ET LE VOYAGE A JÉRUSALEM.

2 juin. — Je fis l'ascension de la sainte montagne dans l'après-midi du 22 mai, à cheval, en compagnie du secrétaire de la visite et du P. Serafino de Bolentina, Gardien de Nazareth, ainsi que des Fr. Jean et François. Nous mîmes trois heures pour arriver au sommet du mont. Là se trouvent l'église, la résidence, l'hospice des pèlerins. La mon-
tagne de la Transfigu-
ration est isolée,
et domine celles
qui l'avoisinent.
De la hauteur, on
contemple un pa-
norama ravissant :
la montagne des
Béatitudes, le lac
de Tibériade, les
monts Gelboé et
Ermon, la chaîne du
Carmel, la grande plaine
d'Esdrelon, le champ de

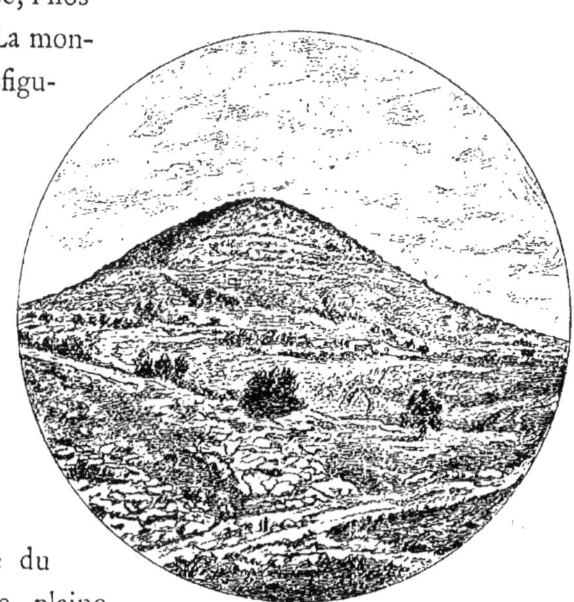

La montagne du Thabor.

bataille de Napoléon Ier, et tant d'autres points encore, se
déroulent à la vue, tandis que l'âme s'absorbe dans la prière
au souvenir du grand miracle opéré sur le Thabor.

Le mont Thabor appartient en partie à la Terre-Sainte, et
en partie aux grecs schismatiques. La partie catholique est
heureusement la plus précieuse. Les fouilles ont amené la
découverte de l'antique basilique élevée par sainte Hélène et
d'autres antiquités. Le terrain cultivé est très fertile, il produit du raisin, des olives et toutes sortes de fruits. Comme
les latins, les grecs schismatiques ont une église et un couvent. Nous passâmes la nuit dans le nôtre, et le lendemain,
une tente ayant été élevée au lieu même où Notre Seigneur
se transfigura, j'y célébrai la Messe. Après le saint sacrifice,
je visitai les fouilles, je pris au Thabor le repas de midi, puis
retournai à Nazareth. Le voyage est vraiment fatigant,
même à cheval.

Le soir du 25, je terminai la visite du couvent de Nazareth ;
le 26 à 6 h. du matin, nous étions en route pour Caïffa. Nous
y arrivâmes heureusement à 9 heures 1/2. Le P. Serafino de
Bolentina fut chargé de visiter Syriaque, Chypre et Alep ; quant
à moi, j'entrepris par terre avec mes compagnons le désastreux
voyage de Caïffa à Jaffa. Qui pourrait le décrire ?... Point de
chemins, point de ponts. On marche à travers des plaines
marécageuses, des déserts sablonneux, des rivières, des canaux
où les chevaux entrent jusqu'aux genoux. Heureusement que

la société prussienne établie à Caïffa tient bien son service de voitures. Les chevaux sont vigoureux, les véhicules en bon état, sans cela ce voyage serait périlleux ou tout au moins on resterait en route.

Le 25, nous voyageâmes toute la matinée. A 11 heures, nous atteignîmes la maison d'un riche maronite de Caïffa. Il l'avait mise à notre disposition ; grâce à sa charité, nous pûmes y dîner et y passer la nuit. Avant d'atteindre ce point nous avions traversé une quantité de villages turcs, sales et misérables comme à l'ordinaire. Un lieu fait cependant exception, on le nomme Sammarina. Le riche banquier Rotschild a établi sur une haute montagne une colonie de juifs qui ont fait de ce lieu une véritable oasis ; la vigne et l'olivier montrent que le pays cultivé serait toujours fertile. Par une permission de Dieu, tout le reste, quasi stérile, est livré aux turcs qui travaillent pour avoir le strict nécessaire à leur entretien, et qui, par nonchalance, néglige tout progrès. Rotschild a établi trois ou quatre autres colonies du même genre, aussi soit en Galilée, soit à Jérusalem, les juifs se sont extraordinairement multipliés dans ces dernières années. On dirait qu'ils espèrent reconstituer le royaume d'Israël.

Le 28 était un dimanche. Je voulais célébrer la sainte Messe dans la maison maronite, je dus y renoncer : j'avais bien l'autel portatif et tout le nécessaire, mais le missel avait été oublié. A 4 h. 1/2 nous nous remîmes en marche. Le voyage était de plus en plus terrible : sable, montagnes, Circassiens à l'aspect cruel ; et ils justifient leur mine. Enfin après 7 heures de tribulations nous arrivâmes à un village turc de la Samarie, et nous fîmes une halte. Tout était déjà préparé pour notre repas auprès d'une fontaine, une tente était dressée ; nonobstant toutes ces précautions la chaleur fut excessive. Vers midi nous remontâmes en voiture, et à 5 heures nous étions à Jaffa, vraiment harrassés.

A la distance d'une heure, le Consul de France, le Procureur de Terre-Sainte, le secrétaire custodial, le curé et d'autres Pères et notables vinrent à notre rencontre. Le gouverneur avait donné des soldats à cheval pour l'escorte d'honneur et les Consuls étaient représentés par leurs janissaires. Déjà la foule était grande avant d'arriver à l'entrée de la ville et le long des rues jusqu'à l'église, elle devint innombrable. A l'entrée de la cité, je m'arrêtai dans une salle d'hôtel où tout était disposé pour nous recevoir. J'y reçus diverses députations et on servit des rafraîchissements ; puis nous reprîmes à pied et à la suite d'une longue procession, notre route à travers la ville. De longues files de peuple encombraient les rues, tous témoignaient leur joie par des applaudissements répétés. L'église était également comble. La cérémonie de la réception étant accomplie, je pus enfin me retirer dans la cellule qui m'était destinée. Je payai ce pénible voyage par trois jours de fatigue, néanmoins je pus faire la visite à l'église, et voir les

Religieux. J'eus également de nombreuses réceptions, le gouverneur, les consuls, les représentants des nations latines, etc. Mais étant souffrant, je fus empêché de rendre ces politesses.

Jaffa s'est beaucoup agrandie durant les dernières années. Ce port de mer compte aujourd'hui 35 000 habitants de toutes les religions. La ville est bâtie sur la hauteur, ce qui rend l'air bon et sain. Beaucoup de constructions sont à l'européenne ; le couvent est dans une position magnifique, construite sur l'antique forteresse des turcs. Cette bâtisse est de date récente, l'ancien couvent sert d'hospice aux pèlerins, les musulmans dominent à Jaffa, ils sont fanatiques. Ajoutons que les environs de la ville sont délicieux ; il y a des villas charmantes et des jardins enchanteurs, toutefois la circulation et les promenades autour de Jaffa sont fort difficiles, les routes étant sablonneuses comme celles du désert.

Le 13 mai, j'étais invité à dîner avec le cardinal Langénieux qui venait de clore à Jérusalem le Congrès Eucharistique. Mon indisposition ne me permit pas d'accepter, mais à une heure j'allai visiter ce Prince de l'Église. Il m'accueillit avec bonté et me fit l'éloge du Custode et de la Custodie. En quittant Son Éminence, je me rendis à la station et partis à 3 heures pour Ramle ; nous y arrivâmes vers 4 heures. Les Religieux nous reçurent avec une grande charité. La nuit fut courte ; dès une heure du matin, j'étais levé voulant célébrer la sainte Messe, c'était la fête du *Corpus Domini*.

Le 1ᵉʳ juin à 3 heures du matin, nous étions déjà en route pour Colonia, où nous arrivâmes heureusement vers 8 heures. Le Rme Père Custode de Terre-Sainte et d'autres Pères nous accueillirent avec grande joie et bonté. Des tentes étaient dressées, et un divan préparé dans une maison pour un repas.

Dans l'après-midi, je reçus de nombreuses députations. A 3 heures, les carrosses, les cavaliers, les janissaires et la foule commencèrent à arriver de Jérusalem. Monseigneur le Patriarche m'avait offert sa voiture ; je l'avais acceptée, quand le pacha m'envoya également la sienne. Mon entourage y monta et suivit immédiatement ma voiture. A 5 heures nous nous mîmes en marche au milieu d'une foule immense ; c'est ainsi que nous gagnâmes la porte de Jaffa. L'affluence était telle qu'on avait peine à passer ; toutes les congrégations de Religieux et de Religieuses, la nombreuse communauté du Saint-Sauveur, les Consuls, les représentants, des soldats à pied et à cheval formaient une longue procession. A mes côtés se tenaient les officiers du gouverneur, dont un colonel. Le pacha avait tout disposé pour assurer le bon ordre.

L'église était pavoisée ainsi qu'aux jours de fête, et illuminée de mille flambeaux. A la porte de l'église du Saint-Sauveur, le Père Custode, en chape, me reçut selon le cérémonial ; la musique entonna l'*Ecce fidelis servus et prudens,* suivi du

Benedictus, après quoi je reçus l'obédience des Religieux et saluai les Pères Dominicains, les Missionnaires de Sainte-Anne, les Assomptionnistes, les Frères, ainsi que le Consul français et les chefs de la nation latine. Après le chant du *Salve sancte Pater* je remerciai le peuple par quelques mots affectueux et lui donnai la bénédiction séraphique.

Rentré au couvent déjà fatigué, je dus me prêter cependant au désir des Religieux et des notables qui désiraient me voir et me présenter leurs hommages. Je note en passant l'inscription écrite sur l'arc de triomphe devant la porte de Saint-Sauveur.

A TOI,

RME P. LOUIS DE PARME

QUI, PARMI LES MINISTRES GÉNÉRAUX,

LE PREMIER, APRÈS LE SÉRAPHIQUE PATRIARCHE,

ENTRES DANS LA CITÉ SAINTE

POUR VÉNÉRER

LES TRÈS AUGUSTES LIEUX DE LA RÉDEMPTION

ET POUR CONSOLER

DE TA PRÉSENCE ET DE TA PAROLE

TES FILS QUI LES GARDENT.

LES ENFANTS T'OFFRENT DES LIS A PLEINES MAINS,

LES HABITANTS ET LES ÉTRANGERS DE TOUTE CONDITION

TE FÉLICITENT,

TES FILS JOYEUX ACCOURENT A TA RENCONTRE

ET SOUHAITENT TOUTES SORTES DE BONHEUR

A LEUR PÈRE BIEN-AIMÉ.

Sur l'arc à l'intérieur du couvent on lisait cette autre inscription:

LE COUVENT DE SAINT-SAUVEUR S'OUVRE DEVANT TOI,

RÉVÉRENDISSIME PÈRE

ICI

DE TES PROPRES YEUX ET DE TES PROPRES OREILLES,

TU JUGERAS COMBIEN TU ES VÉNÉRÉ

DE TES FILS TRÈS DÉVOUÉS.

XII

JÉRUSALEM.

Mon âme avait grande envie de satisfaire ses pieux désirs, mais les premiers jours furent consacrés surtout aux devoirs de politesse. Que de visites reçues et rendues! Patriarche latin, pacha, consuls de toutes nations, patriarches schismatique, grec et arménien, évêques syrien et copte ; les hospices de pèlerins autrichiens, allemands, tous les Religieux des Ordres que j'ai nommés plus haut, et de plus les Sœurs de Charité, du Rosaire, de Sion, les Tertiaires franciscaines, etc., etc.

Le soir du 6 juin, je commençai la visite, et le lendemain matin à 7 heures, l'ouverture s'en fit à l'église selon le rite.

Le 5, à 4 heures du soir, j'allai au Saint-Sépulcre suivi de toute la communauté de Saint-Sauveur. L'entrée fut solennelle, les militaires nous firent cortège. Le Rme Père Custode en chape me reçut à la porte du temple, je bénis solennellement avec l'aspersoir les Religieux et l'assistance. Après avoir reçu l'encens, nous nous acheminâmes en procession au saint ·Tombeau du Rédempteur ; on chantait le *Te Deum*. J'y entrai seul et y priai avec émotion jusqu'au verset *Te ergo quæsumus*. Alors la procession se remit en marche et se rendit à la chapelle du couvent où nous conservons le T. S.-Sacrement. Ensuite je reçus l'obédience des Religieux, et j'assistai à la procession quotidienne, mais plus solennelle en ce jour, aux sanctuaires du temple. La fonction dura 2 heures 1/2. La petite chapelle du Saint-Sépulcre était ornée à l'intérieur et à l'extérieur comme aux jours de fêtes, et illuminés par plus de mille lampes et flambeaux.

Le lendemain je célébrai la Messe au Saint-Sépulcre ; les jours suivants au Calvaire, aux Sept-Douleurs, à la grotte de l'agonie, à la flagellation, sanctuaires précieux et adorables entourés d'autres souvenirs chers à l'âme chrétienne. Dans le temple du Saint-Sépulcre on vénère l'autel de Sainte-Madeleine, élevé à l'endroit où Jésus apparut ressuscité à sa sainte amante sous la forme d'un jardinier. L'autel de la Croix est élevé à l'endroit où sainte Hélène retrouva ce bois précieux.

Je vénérai la colonne où fut lié le Sauveur ; à Gethsémani, le lieu où le divin Maître reçut le baiser de Judas, le *Dominus flevit,* c'est-à-dire l'endroit où le Sauveur pleura sur l'ingratitude et la ruine de Jérusalem ; le sépulcre de la très sainte Vierge. Dans la ville, je visitai le tombeau de saint Jacques qui s'élève dans la magnifique église dédiée à l'apôtre. Malheureusement ce dernier sanctuaire appartient aux arméniens schismatiques. On est encore plus triste en pénétrant au Cénacle sur le mont Sion, ce sanctuaire, où Notre Seigneur institua le sacrement d'amour, cher entre tous aux cœurs catholiques. Hélas ! il appartient aux musulmans ! Pour le racheter, il faudrait des millions ; pour le moment il faut le voir profané ! Le cœur se serre en y entrant, et en voyant dans quel état il se trouve ; les turcs en ont fait une mosquée ; les maisons adjacentes sont habitées par des familles de cette nation qui ressemblent plutôt à des bêtes qu'à des hommes.

Le Cénacle est une vaste salle. Ceux qui en ont la charge la laissent en mauvais état, malpropre, dégarnie, tout ce qu'il y a de plus mal tenue. Dans le passé et encore à présent, que de tentatives ont été faites au sujet du Cénacle ! mais aucune n'a pu aboutir. Le Sultan lui-même se heurterait au fanatisme. Je n'ai pas même pu y célébrer la Messe, tant les turcs gardent ce saint lieu avec jalousie. Beaucoup font la même demande, et ont la même déception que moi.

Je visitai encore le sanctuaire de l'*Ecce Homo* gardé par les Sœurs de Sion, la maison de sainte Anne et la piscine probatique qui sont desservies par les Missionnaires du cardinal Lavigerie, la basilique de Saint-Étienne qui est entre les mains des fils de saint Dominique.

Le 8 juin, octave du *Corpus Domini,* on fit à Saint-Sauveur la procession du Très Saint-Sacrement. L'église était ornée avec des milliers de cierges, les cloîtres du couvent pavoisés, brillants de tentures, de bannières et de fleurs. Le Père Custode officia à ma place, je n'étais pas encore assez remis de mes fatigues pour présider la procession.

Il y a trois processions solennelles du Très Saint-Sacrement à Jérusalem. Le jour de la fête on la fait au Saint-Sépulcre, le dimanche dans l'octave, à la cathédrale; c'est le patriarche qui a le droit de présider ces deux processions ; le jour de l'octave la procession se fait à Saint-Sauveur, et c'est le Rme Père Custode qui officie. Beaucoup de Religieux assistent à ces trois processions en chapes, en chasubles ou en surplis. Les prêtres du patriarcats y viennent également revêtus des ornements sacrés. Rien ne peut donner une idée de la magnificence de ces cérémonies, de la dévotion des catholiques, du respect des musulmans ; pour le croire il faut en être témoin. Hélas ! notre pauvre Europe ne donne pas de tels sujets d'édification !

A partir du 9 juin, je vis les Religieux en particulier ; il sont plus de cent. Le climat me fatiguait toujours, ainsi que les labeurs de la visite. Le P. Chérubin, commissaire de Terre-Sainte à Naples dut nous quitter. Sa santé avait beaucoup souffert de notre pénible voyage ; son départ me laissa un grand vide, il avait été si bon et si charitable compagnon de route.

XIII

LA SAINT-LOUIS DE GONZAGUE.

21 juin. — Le Rme Père Custode et la Communauté du Saint-Sauveur voulurent me faire grande fête. Le matin, je célébrai le saint sacrifice revêtu de la célèbre chasuble, don de saint Louis, roi de France, au Saint-Sépulcre. Elle est toute parsemée de pierres précieuses et de perles fines, son poids est accablant à cause des broderies d'or et des joyaux qui l'enrichissent. A 8 heures, le secrétaire de la visite célébra la Messe chantée en musique. S. Ex. le Patriarche dîna avec nous, ainsi que son auxiliaire Mgr Appodia ; l'allégresse était peinte sur tous les visages.

Dans l'après-dîner on tint une académie de musique et de littérature. Le latin, l'italien, le français, l'espagnol, l'allemand, le slave, l'arabe, le turc, etc., apportèrent leur contingent. On chanta l'antienne *O sanctissima anima,* œuvre du P. Jacques

Rado, célèbre compositeur espagnol. C'est un morceau ravissant. Nous entendîmes également un hymne de circonstance du P. Emilio Crivelli, mis en musique par le P. Bonaventure, autrichien, lequel, ainsi que le P. Dominique, belge, jouèrent sur le piano et sur l'harmonium avec accompagnement d'autres instruments, de délicieux morceaux. L'académie dura jusqu'au soir. Alors les cloches sonnèrent à l'église et les illuminations commencèrent.

Heureuse et tranquille journée, que je ne saurais jamais oublier ! nombreuses furent les visites, innombrables les lettres de tous pays..... Et maintenant cette fête de Saint-Louis de Gonzague 1893 est passée. Tout s'envole! Votre amour demeure, ô mon DIEU, et cela suffit.

XIV

SAINT-JEAN DE LA MONTAGNE.

Le 24 juin, accompagné du Procureur Général de Terre-Sainte, de mon secrétaire et d'autres Pères, je quittai Jérusalem à 6 heures du matin ; nous allâmes à Saint-Jean dans la montagne.

Le curé et le peuple latin vinrent à notre rencontre ; les fenêtres des maisons étaient envahies. Bientôt je rencontrai nos Religieux, alors je mis pied à terre, et nous nous rendîmes en procession à l'église où le Gardien me reçut selon le cérémonial. Après avoir prié à la sacristie, je revêtis les ornements sacerdotaux et célébrai la sainte Messe au lieu où naquit le saint Précurseur. Les cérémonies se succédèrent toute la journée dans le vénéré sanctuaire ; Messe pontificale du Rme P. Custode, chantée par les chantres de Saint-Sauveur. Après la Messe je donnai la bénédiction papale. Le Consul frannçais y assista avec tout son personnel. Après le dîner, vêpres solennelles, litanies, *Tantum ergo* en musique...... Quelle belle fête de Saint-Jean-Baptiste ! elle eut un digne lendemain.

A 6 heures du matin, je me rendis à pied au sanctuaire de Sainte-Élisabeth. Après un quart d'heure de marche, je pus célébrer la sainte Messe au lieu où la très sainte Vierge et sainte Élisabeth se rencontrèrent et se saluèrent en s'embrassant. C'est encore là que Zacharie retrouva la parole et chanta le *Benedictus Dominus Deus Israel, quia visitavit et fecit redemptionem plebis suæ.* Mais c'est là surtout que des lèvres de la créature privilégiée entre toutes, tomba ce chant sublime qui se redit à tout moment d'un bout à l'autre de l'univers. Quel *Magnificat* s'éleva de mon âme pour remercier DIEU avec MARIE, pour rendre grâces au Tout-Puissant qui créa notre Mère Immaculée si belle, la combla de tant de grâces, la fit Mère de son divin et unique Fils, et de plus notre Mère à tous !

Mon cœur était ému, de chaudes larmes baignèrent mes yeux :

Respexit humilitatem ancillæ suæ : ecce enim ex hoc beatam me dicent omnes generationes.

Je célébrai la sainte Messe et nous passâmes toute la journée dans ce lieu béni ; le corps jouissait de l'air balsamique de la montagne, et l'âme du parfum que MARIE Immaculée a laissé au sanctuaire de la Visitation.

Le 26 juin nous étions de retour à Jérusalem ; je visitai le Patriarche Mgr Piavi, qui partait pour Rome, et le Consul de France, M. Ledoulx qui avait un congé. En me rendant chez ce dernier je rencontrai le pacha : deux beaux chevaux tiraient son superbe carosse. Dès qu'il m'aperçût, il fit arrêter sa voiture, mit pied à terre, et m'entretint avec grande amabilité et égards, se mettant de nouveau à ma disposition pour tout ce que je souhaiterais. Il nous laissa mes compagnons et moi vraiment confus de sa sympathie, mais bien consolés en voyant l'estime dont jouissent les *Frères de la Corde* parmi ces turcs, qui les voient à l'œuvre depuis sept siècles.

XV

BETHLÉEM.

10 juillet. — Le 2 juillet nous fêtions à la fois la Visitation et le Précieux Sang. De très bon matin je célébrai le saint sacrifice dans le sanctuaire de la Flagellation, puis je partis pour Bethléem en compagnie du secrétaire de la visite, et des Pères Discrets Norbert et Michel. Au sépulcre de Rachel qui est à 2 kilomètres de Bethléem, toute une cavalcade accompagnant le curé vint à ma rencontre.

Arrivé à la porte de la ville, je quittai ma voiture et fis à cheval le reste du trajet, assez long encore, qui nous séparait du sanctuaire de la Nativité. Tout Bethléem était en mouvement, sur la route, aux fenêtres, fêtant mon arrivée. Nous gagnâmes la place où se trouve le sanctuaire élevé par la piété de sainte Hélène. Il est magnifique et divisé en trois nefs. C'est le seul qu'ait épargné le fanatisme musulman. Il a détruit tous ceux que la sainte impératrice avait fait construire en Terre-Sainte, mais ils ont laissé debout celui de Bethléem. Nous descendîmes de cheval entourés de la garnison de la ville au grand complet et sous les armes ; elle était là pour rendre au Général de l'Ordre les honneurs militaires, en présence du gouverneur, des autorités et des chefs de nations turques, grecques, arméniennes et latines. Tous me présentèrent leurs hommages et me souhaitèrent la bienvenue. La foule était considérable : accompagné de ce cortège et du peuple, je me rendis à l'église de Sainte-Catherine en passant par le temple de Sainte-Hélène. Là, je fus reçu selon le cérémonial par le Père Gardien. Le corridor qui conduit à l'église Sainte-Catherine était garni d'un arc de triomphe avec cette inscription :

Gloire a dieu au plus haut des cieux.

AU Rme P. LOUIS DE PARME

MINISTRE GÉNÉRAL DE TOUT L'ORDRE DES MINEURS

NOUS PRÉSENTONS NOS FÉLICITATIONS

CE 2 JUILLET 1893.

Ma première visite en entrant dans le couvent fut pour l'Abbé Dom Belloni, ensuite le gouverneur et les chefs des nations vinrent me saluer, je reçus également l'évêque grec, les dignitaires de cette nation. Je restai à Bethléem huit jours, j'y fis la visite et assistai aux examens de philosophie et de physique de douze de nos étudiants qui réussirent très bien ; également à l'examen et à la distribution des prix de notre école paroissiale très florissante, enfin à une représentation de Christophe Colomb qui fut au-dessus de tout éloge.

Durant ces huit jours, je visitai les Religieuses Carmélites déchaussées, je fus même admis dans la clôture. Je vis également les Sœurs de Saint-Joseph, celles de la Charité, l'Institut Belloni, et les œuvres des grecs, des arméniens, etc.

Les sanctuaires de Bethléem sont nombreux. Le premier rang appartient à la sainte Grotte. Elle est renfermée dans le temple de Sainte-Hélène. On y descend par deux escaliers, l'un appartient exclusivement aux Franciscains, et l'autre aux grecs, mais les uns et les autres se servent des deux par les-

BETHLÉEM. — GROTTE DE LA NATIVITÉ DE NOTRE SEIGNEUR.

quels passent aussi les arméniens et les pieux pèlerins. La sainte Grotte elle-même renferme plusieurs lieux sacrés. Celui où naquit le Verbe Incarné est, hélas ! la propriété exclusive des grecs schismatiques ; les latins et les arméniens ont seulement le droit de l'encenser et d'y entretenir des lampes. On sait combien les grecs ont tenté d'enlever de ces lieux, par mille ruses, l'étoile qui se trouve sous la table de l'autel ; elle est certainement la meilleure preuve que ce lieu vénérable appartient aux latins, à cause de cette inscription en langue latine :

Ici de la Vierge MARIE *est né* JÉSUS-CHRIST.

Près de cet autel est celui des Mages, où ils adorèrent l'Enfant JÉSUS. En face, environ à 1 mètre 1/2, est la mangeoire où fut déposé JÉSUS naissant. Je célébrai la sainte Messe à l'autel des Mages, mais pas sur celui de la Crèche bien que tous deux fussent la propriété exclusive des Franciscains. Les grecs et les arméniens ont seulement le droit de les encenser aux jours de fête. La Grotte qui renferme ces adorables trésors, est informe, mais unie ; devant le lieu où naquit le Sauveur s'étend une sorte d'oratoire long de 5 mètres sur 2. C'est à ses côtés que sont l'autel des Mages et la mangeoire dont j'ai parlé plus haut. Les grecs ont exclusivement le lieu de la naissance de JÉSUS, mais pas le reste ; cependant les tentures appartiennent toutes aux Franciscains. De la Grotte bénie on passe aux autres sanctuaires sur lesquels les grecs et les arméniens n'ont aucun droit. C'est d'abord l'autel des Saints-Innocents, sous l'autel repose une grande partie des reliques de ces jeunes martyrs ; puis le corps et le sépulcre de saint Jérôme, celui de sainte Paule. Les Religieux franciscains peuvent arriver à ces sanctuaires sans passer par les Grottes de Bethléem.

Il ne faut pas oublier que l'église de Sainte-Catherine et la basilique de Sainte-Hélène diffèrent. L'église de Sainte-Catherine a été élevée il y a quelques années par les Religieux de Terre-Sainte, et est exclusivement à eux ; elle sert de paroisse, et est annexée au couvent et à la basilique de Sainte-Hélène. Cette dernière est à tout le monde et à personne, c'est pourquoi on n'y fait point d'offices ; à peine est-elle entretenue et réparée, chaque jour elle se détériore, car, y planter même un clou fait naître des querelles. C'est un bien grand malheur, car elle est l'unique reste des basiliques que sainte Hélène fit élever en Palestine.

Les grecs et les arméniens viennent dans cette église de Sainte-Hélène à diverses heures pour officier à la sainte Grotte, et nous autres Franciscains, nous avons le droit de célébrer deux messes à l'autel des Mages, à 3 heures 1/4 et à 6 heures. Une fois par semaine, une de ces Messes est chantée. Chaque jour aussi, excepté le jeudi, les Franciscains font à 5 heures du soir une procession. Les offices ordinaires des Franciscains se font à Sainte-Catherine ; les grecs les font dans une grande chapelle fermée qui fait partie de l'église Sainte-Hélène et qui a vu sur la sainte Grotte ; les arméniens font les leurs dans un bras de la basilique, du côté de l'Évangile. C'est justement en ce lieu qu'adviennent toutes les querelles au sujet des fameuses tapisseries. De front avec l'autel, se trouve la porte qui conduit de l'église Sainte-Catherine à la basilique et à la sainte Grotte. Elle appartient uniquement aux Franciscains, ce qui leur donne le droit d'aller directement à la Grotte ; c'est un sujet de grand agacement pour les arméniens. Le petit plan, très primitif que je donne ici, offre une idée de la servitude qu'impose à leur autel le passage des Franciscains.

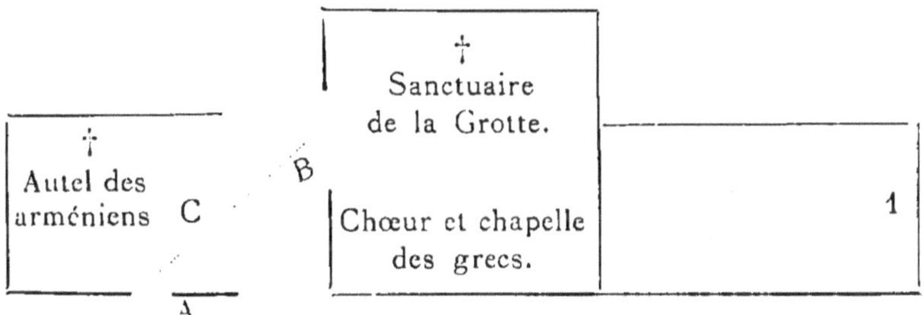

1. Porte du couvent des grecs.

A. Porte des Franciscains communiquant de l'église Sainte-Catherine avec la sainte Grotte.

C. Ligne en dehors de laquelle les arméniens ne peuvent mettre leurs nattes et tapis.

Sans cesse ils cherchent à frauder et à les faire dépasser le plus qu'ils peuvent. Il y a cinq ans ils en étaient venus à vouloir gagner 1 mètre 1/2 environ, mais un gardien espagnol les mit à la raison en taillant sans plus de compliments ce qui n'avait pas le droit d'exister.

La basilique de Sainte-Hélène a, comme je l'ai dit, trois nefs. Elle est longue de 50 mètres, et large de 30. On y pénètre par la place en passant une porte basse et étroite donnant entrée dans un atrium fermé. Dans l'atrium, une ou deux chambres servent de caserne ; là, un piquet de soldats turcs garde le temple, spécialement la sainte Grotte, et empêche les querelles des rites différents. Les grecs gardent la clef de la basilique, ils doivent l'ouvrir à une heure et demie du matin ; leur principale cloche annonce cette ouverture. Une autre clef est entre les mains des Franciscains, ils devraient ouvrir la basilique si les grecs y manquaient, mais cela n'arrive point, tant ils ont peur de perdre ce droit. C'est par trop de confiance que nous perdîmes la fameuse étoile. Notre sacristain, par bonté, laissa le sacristain grec la nettoyer pendant quelques jours, et ensuite quelques fortes raisons que nous ayons mis en avant, nons n'avons pu reprendre notre étoile.

Dans le jardin de la sacristie croît un citronnier sauvage planté par saint Jérôme. J'ai dit que pour l'entrée solennelle que je fis dans l'église Sainte-Catherine, je passai par le temple de Sainte-Hélène. Dans les grandes circonstances on s'en sert toujours, jusque dans les enterrements, et cela pour n'en point perdre le droit.

Près de Bethléem est un autre beau sanctuaire, la *Grotte du lait ;* c'est notre propriété exclusive. Marie s'y arrêta avec Joseph lorsque fuyant la persécution d'Hérode, elle partait pour l'Égypte. Selon la tradition, elle nourrit dans ce lieu son divin Enfant, quelques gouttes de son lait virginal tombèrent à terre, elles devinrent la source de prodiges sans nombre, aussi cet endroit célèbre vit s'élever un sanctuaire bien entretenu et gardé, qui est l'objet d'une profonde vénération.

Un peu plus loin, toujours dans la même direction, se trouve un oratoire dédié depuis peu à saint Joseph, et qu'on appelle sa maison, parce que cet endroit fut, dit-on, sa propriété. Plus loin est le champ des Pasteurs, c'est là qu'ils veillaient à la garde de leurs troupeaux quand ils aperçurent une lumière extraordinaire au-dessus de Bethléem ; ils s'y rendirent, et eurent l'insigne privilège d'adorer, les premiers parmi les hommes, l'Enfant divin, celui d'entendre chanter par les anges : « *Gloria in excelsis Deo et in terra pax hominibus bonæ voluntatis.* » Ce lieu est aux mains des grecs schismatiques et je ne l'aperçus que de loin.

La paroisse latine de Bethléem est nombreuse : il y a environ 4 000 catholiques, nos Pères en ont la charge. Bethléem est une ville genre turc, mais gaie, elle s'étend en amphithéâtre sur la montagne et les collines des environs qui sont couverts d'oliviers. Du reste la population est industrieuse et appliquée au travail. Sur ce point elle diffère des autres villes et bourgades arabes, spécialement de Jérusalem.

Je restai à Bethléem jusqu'au 9 juillet. Le soir, je fermai la sainte visite, le 10, dis adieu aux Lieux où naquit notre divin Sauveur pour nous racheter tous, et je rentrai à Jérusalem à 8 heures.

XVI

MESSE AU SAINT-SÉPULCRE.

Le 14, fête de saint Bonaventure, je célébrai au Saint-Sépulcre. Quatre janissaires en tenue de gala m'accompagnèrent ainsi que tous les Religieux. Le Père Custode m'attendait à la porte et m'offrit l'eau bénite. Après avoir aspergé les Religieux et la foule, je priai un instant devant la pierre de l'onction, puis je passai à la sacristie pour revêtir les ornements sacrés. A l'autel érigé devant le Saint-Sépulcre, je chantai Tierce avec les Religieux, puis, remplaçant la chape par la chasuble, je célébrai la sainte Messe qui fut chantée en musique. Le président du couvent du Saint-Sépulcre faisait les fonctions de prêtre assistant, mon secrétaire et celui du Custode celles de diacre et sous-diacre. Il y avait également deux cérémoniaires, quatre prêtres assistants en chape, et six clercs en surplis. C'était donc très solennel ; aussi des grecs et des arméniens, attirés par la curiosité, assistaient à cette importante cérémonie. A 9 heures 1/2, elle était terminée. Dieu sait quelle consolation avait ressenti mon cœur, qu'Il en soit à jamais béni !

Le 17 juillet à 7 heures du matin, je me rendis à Saint-Jean in Montana, j'y restai jusqu'au 24 ; je passai la plus grande partie de ce temps à Sainte-Élisabeth où l'air est plus frais et plus pur. J'ai déjà parlé de ces deux chers sanctuaires, je n'y reviens donc pas. J'ajouterai cependant que Sainte-Élisabeth a un enclos assez vaste d'où on peut contempler un magnifique panorama.

Il est entouré de maisons russes semées dans la montagne comme une gracieuse couronne. Elles sont habitées par de pieuses femmes russes, sorte de religieuses qui vivent deux ou trois ensemble; elles possèdent une belle église que je visitai à l'heure où elles faisaient leurs

exercices. Elles se tiennent très dévotement et semblent prier avec foi ; leur chant est doux et suave. Quand j'entrai la cérémonie était près de finir ; elles quittèrent l'église presque en même temps que moi, me saluèrent par une profonde révérence et beaucoup me baisèrent la main. Elles étaient vêtues comme des Sœurs. Je suis persuadé de leur bonne foi. Leur piété pourrait être une leçon pour les catholiques.

Le 24 au soir, je retournai à Jérusalem, on célébrait le jour suivant la fête du Père Custode, je tenais à y être. La Messe fut chantée par le Père Procureur ; au Divan, de jeunes étudiants firent entendre des compositions poétiques et on joua à l'orphelinat une très belle pièce. Tous les cœurs étaient joyeux et satisfaits. Je n'oublierai jamais ces heureuses fêtes de famille.

XVII

EMMAUS.

Le 30 juillet, accompagné de mon secrétaire et du P. Luigi Sabat, Discret, je me rendis au couvent d'Emmaüs (El-Koubeb). Emmaüs est vraiment le second cénacle, bien que cette vérité ait été contredite par esprit de parti et de passion. Toutes les preuves concourent à démontrer que le lieu décrit par l'évangéliste saint Luc, où Notre Seigneur après sa résurrection, rejoignit les deux disciples est bien celui que je visitai. Saint Cléophas, martyr, et Siméon se rendaient de Jérusalem à Emmaüs, le Seigneur fit route avec eux. Arrivé à la maison de Cléophas, il mangea avec ses deux disciples qui le reconnurent à la fraction du pain.

Ceux qui désirent étudier plus à fond ce qui touche le sanctuaire d'Emmaüs pourront lire les savantes dissertations des PP. Buselli et Dominichelli. Un bon marcheur peut se rendre de Jérusalem à Emmaüs en trois heures, surtout s'il prend la route des disciples qui se distingue encore aujourd'hui. Elle est plus raide, mais aussi beaucoup plus courte.

Je pris avec mes compagnons celle de Jaffa, nous fîmes une partie du trajet en voiture, le reste à cheval. Partis de Jérusalem à 4 heures 1/2, nous étions à 7 heures à Emmaüs. Les Religieux étaient dans l'attente, l'étendard de Terre-Sainte flottait sur le couvent, la cloche carillonnait joyeusement, le cloître était pavoisé comme pour une fête. J'aperçus à travers les fleurs un cadre portant une épigraphe.

AU T. R. P. LOUIS DE PARME

MINISTRE GÉNÉRAL DE TOUT L'ORDRE DES MINEURS

LE JOUR DE SON ENTRÉE DANS LA MAISON DE SAINT CLÉOPHAS,

DISCIPLE DU SEIGNEUR.

CE N'EST PAS L'AMOUR DE LA VAINE GLOIRE,

QUI TE PORTE ICI, Ô PÈRE.

MAIS CET ESPRIT DE PIÉTÉ QUI BRULE DANS TON SEIN

ET QUI RESPLENDIT DANS TES PAROLES,

AINSI QU'UNE ÉTINCELLE S'ÉCHAPPANT D'UN FOYER.

DE TELS SIGNES MARQUENT CLAIREMENT

QUE TU ES FILS DE CE PÈRE,

QUI DANS SON BRULANT AMOUR, FUT SEMBLABLE AUX SÉRAPHINS.

LUI ACHETA PAR LES ARMES DE LA CHARITÉ

LE TOMBEAU DU CHRIST ;

AVEC LES MÊMES ARMES TU DÉFENDS L'HOSPICE DU SEIGNEUR.

PARTAGE DONC AUX DISCIPLES LE PAIN CÉLESTE ;

AINSI NOURRIS, ILS AFFRONTERONT VAILLAMMENT

LES COMBATS DE LA VIE.

REGARDE AUSSI CETTE PETITE FAMILLE, DE TOI CHÉRIE,

REÇOIS LES VŒUX QU'ELLE T'OFFRE

ET NE CONSIDÈRE PAS COMME VANITÉ,

LE TRIBUT SPONTANÉ DE L'AMOUR.

Ce distique latin était la composition du P. Philippe de Vicovaro, directeur du collège séraphique. Ce bon Père est rempli de l'esprit de saint FRANÇOIS et un véritable miroir des vertus religieuses. Le collège compte quinze postulants qui sont formés à la piété et à l'étude des lettres par le P. Philippe et le P. Pascal de Pérouse.

Le couvent d'Emmaüs forme un beau carré, la construction est solide et régulière. Il a été élevé aux frais de la Marquise

Pauline de Nicolay, laquelle travailla et souffrit beaucoup pour remettre en honneur ce célèbre sanctuaire. Elle acquit à l'entour un large terrain et s'engagea à le donner aux Franciscains. Une partie de la construction est consacrée aux pèlerins, l'autre aux Religieux qui sont au nombre de sept, trois Pères et quatre Frères ; quant aux postulants, ils sont séparés de la communauté. Le couvent d'Emmaüs est un vrai paradis où l'on goûte encore le souhait divin : « Que la paix soit avec vous. » La bonté des Religieux, leur solitude, l'excellent air, tout repose. Il n'y a point de maisons autour du couvent ; le petit village d'El-Koubeb est distant d'un kilomètre. L'église a trois autels ; elle est petite mais très propre. Il n'est pas nécessaire qu'elle soit plus grande, car il n'y a pas de chrétiens à Emmaüs ; le sanctuaire sert aux Religieux et aux pèlerins seulement. La pieuse bienfaitrice repose du côté de l'Évangile, on lit sur sa tombe l'inscription suivante :

A. P. C.

A LA MARQUISE PAULINE NICOLAY

SŒUR DU TIERS-ORDRE FRANCISCAIN

QUI S'ENDORMIT DANS LE SEIGNEUR

LE 5 JANVIER DE L'ANNÉE 1868,

DANS LA NOUVELLE MAISON DES PÈLERINS.

SES DÉPOUILLES FURENT, AVEC LA PERMISSION DES SUPÉRIEURS

ET SELON SES PROPRES DÉSIRS, TRANSFÉRÉES ICI

ET DÉPOSÉS DANS CE MÊME LIEU

4 ANS ET 29 JOURS APRÈS SA MORT.

La Marquise de Nicolay ne mourut pas à Emmaüs, mais à la Casa Nuova. Son corps fut transporté de Jérusalem dans le sanctuaire qu'elle avait élevé.

Du côté de l'Épitre, on lit :

CETTE MAISON FUT ACHETÉE

PAR LA MARQUISE PAULINE NICOLAY

ET DONNÉE PAR ELLE AUX FRANCISCAINS.

MGR VINCENT BRACCO, ÉVÊQUE DE MAGIDA, COADJUTEUR,

ET TENANT LA PLACE DU PATRIARCHE DE JÉRUSALEM

L'A SOLENNELLEMENT BÉNITE ET DÉDIÉE AU SEIGNEUR,

APRÈS Y AVOIR OFFERT LE SAINT SACRIFICE.

La maison des pèlerins offre un autre souvenir. On y voit la chambre qu'habitait la pieuse Marquise quand elle résidait dans son solitaire et si cher Emmaüs. Dans cette même chambre sont gardés les objets à son usage, tous marqués du cachet de la très chère pauvreté : robe de laine, chapeau, trois ombrelles, lit, tout respire le parfum franciscain. Elle s'était préparée une autre habitation très modeste, pensant qu'une fois la famille religieuse établie, elle ne pourrait plus habiter sa petite cellule au quartier de l'hospitalité.

Devant le couvent est un magnifique jardin potager, propriété de la Terre-Sainte ; il est séparé du couvent par la route, et clos de murs. A côté du couvent, des fouilles ont amené une grande découverte, celle de la basilique construite par sainte Hélène ; des constructions annexées semblent être la demeure de l'évêque, puisque Emmaüs fut autrefois un siège épiscopal. La basilique découverte ressemble comme architecture à celles que la grande impératrice fit élever en d'autres lieux comme Nazareth, la Flagellation, Saint-Jean in Montana, etc. Elle a trois nefs avec abside. Combien on désire la rétablir dans son premier état ! La dépense ne serait pas tellement élevée, car les fondements très solides y sont encore. Ce sanctuaire n'est pas reconnu comme le vrai Emmaüs, parce qu'on en a suscité un autre, celui d'Amoas, qui est à sept heures à cheval de Jérusalem. Celui qu'on découvert nos Pères est fréquenté par beaucoup de pèlerins. Le mardi de Pâques, le Vicaire Custodial, des Religieux et de nombreux chrétiens y font un pèlerinage. On part de Jérusalem à 3 heures du matin ; des tentes sont dressées dans la basilique découverte, on y célèbre le saint sacrifice. Le Saint-Siège a concédé une indulgence plénière à ceux qui visitent ces lieux. La vue qu'on a d'Emmaüs est magnifique. Nous contournâmes des monts élevés pour retourner à Jérusalem ; là, se trouve la patrie du prophète Samuel. Sur son tombeau s'élève une mosquée avec un minaret.

Les six jours que je passai à Emmaüs furent rapides

comme l'éclair, le 5 août, à 4 heures 1/2 du matin, j'étais à cheval ainsi que mes compagnons. Vallées et torrents de Térébinthe, âpres sentiers, vous ne m'avez pas fait regretter le voyage. A 2 heures, nous étions déjà à Jérusalem.

XVIII

LES RUINES DU TEMPLE DE SALOMON
ET ENVIRONS DE JÉRUSALEM.

A mon arrivée d'Emmaüs on célébra avec grande pompe les premières vêpres de la Transfiguration de Notre-Seigneur. Le lendemain, je dis la sainte Messe, qui fut chantée en musique.

8 août. — Tous les pèlerins qui se trouvent à Jérusalem, ne manquent jamais de visiter la mosquée d'Omar. Elle est bâtie sur une esplanade immense entre Jérusalem et les murs de la ville du côté de l'Orient. C'est là que s'élevait autrefois le temple de Salomon. Zorobabel le rebâtit : glorifié par la présence du Messie, il fut détruit par Titus. A côté se trouvait le colossal palais de Salomon. L'esplanade a environ 1 kil. 1/2 de tour. Cette mosquée d'Omar est encore plus belle et plus riche que celle du Caire, l'art y a réuni des marbres, des mosaïques et d'autres chefs-d'œuvre. Au-dessus est le *Moriah,* et au centre on voit le rocher de cette fameuse montagne que Salomon réunit au mont Sion, en remplissant la vallée qui l'en séparait. C'est là qu'il éleva son temple et son palais. Cette roche est sous la coupole de la mosquée, enclose par une tribune : un escalier permet de descendre sous la roche. Les turcs racontent mille fables sur ce lieu où Mahomet pria, disent-ils ; tout en racontant ces fables, les santons en rient eux-mêmes. En face d'une des portes de la mosquée, ils nous firent remarquer une pierre où étaient enfoncés un bon nombre de clous d'argent, indiquant les siècles et la durée du monde. Il n'en reste plus que deux, qui correspondent aux deux siècles d'existence qui resteraient à l'univers. Ils ajoutèrent que le diable ne peut enlever ces clous ; qu'ayant essayé de le faire, l'archange Gabriel le combattit et remporta la victoire.

En deux endroits du temple sont des rangées de colonnes de marbre séparées par une distance de 10 à 12 centimètres. Bien heureux qui peut passer en cet espace, car il gagne par là la possession du paradis. Beaucoup ont eu ce privilège, mais sûrs de leur bonheur, ils ont poussé le gouvernement à défendre de laisser passer entre ces colonnes ; l'arrêt est porté, et les musulmans ne pourront plus aller en paradis par ce passage. Les chrétiens ne peuvent pénétrer sur l'esplanade du temple de Salomon, sans une permission du Pacha. Non seulement il me la donna, mais il me fit accompagner par son drogman, grec catholique, et par un capitaine de gendarmerie. D'anciens monuments se voient encore sur cette esplanade ; citons tout

d'abord la grandiose basilique à sept nefs de Justinien, malheureusement elle est convertie en mosquée. Combien elle est
riche en objets d'art remarquables, marbres, colonnes, chapi-
teaux, sarcophages, bas-reliefs d'une valeur immense, mosaïques, peintures, etc., etc... Les turcs négligent cette basilique
bien que ce soit une mosquée, ils consacrent tous leurs soins
à celle d'Omar, on y travaille toujours, on y engloutit des
sommes immenses pour la réparer et l'embellir. Les sou-
terrains sur lesquels repose la basilique de Justinien, sont
magnifiques et s'étendent sous toute l'esplanade ; ils sont hauts,
éclairés, bien aérés et forment un tout qui communique. Quel-
ques-uns, dit-on, servirent au culte, d'autres de stalles aux
chevaux du roi Salomon. Que de richesses, que de souvenirs !

Nous nous dirigeâmes ensuite du côté des murs de la ville
qui, comme je l'ai dit, closent l'esplanade. Là, nous descendîmes
dans un souterrain en bon état au-dessous des murailles. Les
santons nous montrèrent un berceau de marbre, nous disant
que le saint vieillard Siméon y avait couché l'Enfant Jésus,
après l'avoir serré dans ses bras et l'avoir présenté au temple.
De l'autre côté de l'esplanade, précisément au Sud-Est, sont les
ruines constituant la seconde enceinte du temple. C'est là que
tous les vendredis, les juifs et les juives viennent pleurer dans
l'après-midi la destruction de leur temple. Ils frappent ces
ruines de leur tête, et leurs vœux appellent la restauration
du royaume d'Israël. A l'Est, le long des murs de la ville et

de l'esplanade est la porte Aurea, jadis appelée *Porta Speciosa*. C'est par là que Jésus entra triomphant à Jérusalem, là encore que saint Pierre guérit le boiteux en lui disant : « Je n'ai ni or, ni argent, mais ce que j'ai, je te le donne : au nom de Jésus de Nazareth, lève-toi et marche, » ainsi que le racontent les Actes des Apôtres. Cette porte, chef-d'œuvre d'art, est close aujourd'hui. Elle est confiée à un santon, elle a deux façades, une regarde la ville, l'autre Gethsémani et le mont des Oliviers. L'une et l'autre sont accompagnées de deux grands arcs , l'une servait pour l'entrée, et l'autre pour la sortie. Des deux côtés, il y a une petite place entourée de maisons qui servirent probablement pour l'office des douanes et pour les corps de garde. Après avoir passé deux heures à visiter ces immenses monuments nous retournâmes au couvent.

XIX

UN MOT SUR L'ÉTAT DE JÉRUSALEM.

Le 12, je fus ou monastère de Sainte-Claire célébrer la sainte Messe. Toutes les bonnes Religieuses y communièrent, je leur dis un mot du bon Dieu, et je leur donnai la bénédiction papale. Ce fut une grande consolation pour ces dignes Filles de saint François qui pour l'amour de Dieu vivent d'une vie si austère.

Disons maintenant un mot sur l'état de Jérusalem. Prise par les croisées qui l'entourèrent d'un mur circulaire, elle le fut ensuite par les musulmans qui y détruisirent le règne de la Croix. Elle a environ 4 kilomètres de circonférence : rues étroites, mal tenues, maisons sales et basses, ayant le plus souvent l'aspect de masures ; on y voit cependant de belles et récentes constructions à l'européenne. Les monuments sacrés et profanes y sont nombreux ; parmi eux la tour de David, aujourd'hui la citadelle, les murs de la ville, les portes, la mosquée d'Omar, les ruines du temple, le sépulcre de Salomon, la piscine probatique, la maison de Caïphe, le mont Sion, etc., etc.

Il est difficile d'évaluer la population de Jérusalem, on peut dire cependant qu'elle a environ 100 000 habitants, la plus grande partie loge hors la ville dans les faubourgs qui longent la route de Jaffa. C'est là qu'on a élevé des palais et des maisons magnifiques, on les rencontre durant 2 kilomètres environ. C'est le quartier des juifs, des russes et des protestants. La majeure partie des Consuls résident hors des murs, les diaconesses protestantes y ont une maison, les russes y ont bâti une superbe église ainsi que les schismatiques abyssiniens. C'est là encore que s'est fondé le grand établissement des Pères de Ratisbonne, celui des Sœurs de Charité, des Religieuses de Marie Réparatrice ; on y trouve également des hôpitaux pour les juifs, les russes, les turcs, l'hospice catholique pour les pèlerins allemands ; encore un peu et ce faubourg sera plus considérable que la ville elle-même. Les Dominicains ont aussi leur couvent hors des murs, j'y ai vu également des églises et des collèges protestants d'Angleterre et d'Amérique.

Quel assemblage de bon et de mauvais, combien prient à Jérusalem pour le salut des âmes et combien rendent inutile la Rédemption et le sang de Notre Seigneur.

Les protestants ont poussé l'audace jusqu'à inventer un nouveau Calvaire et cela tout près des Dominicains. Ils y ont bâti une église, élevé un établissement, heureusement que les palestinographes, même ceux de leur religion, ont produit des documents irrécusables, ce qui les a obligés à se taire. Il y a de tout à Jérusalem, catholiques, grecs et latins, arméniens, syriens, coptes schismatiques, abyssiniens tous schismatiques, russes soit disant orthodoxes, protestants de sectes différentes, turcs, juifs, ces derniers sont les plus nombreux. On assure qu'ils sont 80 000, en tout cas, pas moins de 50 000 ; les turcs arrivent à 30 000, les rites nommés plus haut forment le reste de la population. Les latins ne sont que 1 200, les grecs, sous la conduite d'un patriarche, environ 4 000, les arméniens, les syriens, les coptes ont chacun leur évêque ; le nombre des russes et des protestants augmente chaque jour et les premiers surtout y créent de grandioses et superbes établissements.

Qui pourra décrire l'état déplorable des juifs ! Ils sont là comme un débris, tandis que la colère divine a semé leur race sur toute la terre ; ils pleurent sur les ruines du temple, mais ont-ils l'espérance au cœur ? Non, car ils repoussent le Seigneur, notre espérance. Charnels et opiniâtres, cette population fait pitié et est pourtant l'objet du mépris, spécialement des turcs. On les reconnaît à leurs cheveux longs, souvent bouclés, couverts d'un bérêt ou d'un chapeau noir, et à leur veste jaunâtre. Leurs mœurs sont plus mauvaises encore peut-être que celles des turcs, exténués, cadavériques, ils vivent seuls et sont odieux à tous. Ils ne regardent pas à la dépense, et bon nombre de leurs maisons sont belles à l'extérieur. Le roi de l'or, Rostchild les soutient, aussi ne craignent-ils pas de dépenser. A l'intérieur de ces habitations tout est désordre, ils vivent entassés, leur malpropreté répand une odeur nauséabonde, leur richesse ne leur profite point car le sang du Juste retombe sur leur tête.

Quant aux turcs, ils seront partout les mêmes, vivant comme des bêtes ; fanatiques à l'excès, aussi malheur à qui parle mal de Mahomet leur prophète.

Que dirai-je des schismatiques de tous les rites ? Ils cherchent à faire de l'argent, conforment leur vie à celle des gens qui sont sans croyance et indifférents en matière de religion. Ce sont les moines qui arrivent aux dignités ecclésiastiques, la simonie aide à y parvenir.

Ces moines vivent en communauté, mais chacun a son pécule et se gouverne ; tous cherchent à accumuler pour arriver aux grades de diacre, de prêtre, de gardien, d'archimandrite, d'évêque, d'archevêque, de patriarche. Les sommes qui achètent ces dignités sont fabuleuses.

Les catholiques latins sont plus étroitement unis à l'Église romaine que les Orientaux ; ils sont pieux, dévoués, pratiquants, aucun ne manque au devoir pascal. Ils ne connaissent pas le blasphème, on n'y trouve pas de pécheurs scandaleux, leurs défauts sont ceux du pays : peu de volonté, point d'amour du travail, attrait pour vivre aux dépens des autres. C'est encore une grâce qu'on puisse les maintenir par des sacrifices, vu le milieu où ils vivent. L'usure des juifs est un des fléaux du pays, ils ruinent surtout les chrétiens.

Voilà en quelques mots un aperçu de l'état de Jérusalem. Ajoutons qu'en dehors des juifs et des turcs, ses habitants sont civilisés, grâce à leur rapport avec les Européens.

Le 16 août, je présidai la congrégation générale et le concours de philosophie ; le 18, on chanta dans l'église de Saint-Sauveur différentes œuvres d'un Espagnol, le P. Vincent, organiste et compositeur. Ce sont de vrais chefs-d'œuvre qui soulèvent l'âme jusqu'à Dieu. La science de la musique soit instrumentale, soit vocale, est traditionnelle à Saint-Sauveur.

XX

LE MONT DES OLIVIERS.

Le 19 août à 5 heures du matin, je me rendis avec plusieurs Pères au mont des Oliviers. Je passai par Gethsémani et nous gravîmes un sentier âpre, escarpé, rocailleux qui conduit jusqu'au sommet du mont. Entre Gethsémani et le mont des Oliviers se trouve le lieu où Jésus pleura sur l'ingratitude de Jérusalem. Cet endroit est appelé le *Dominus flevit,* la Terre-Sainte l'a acheté et nos Pères y ont fait ériger une très belle chapelle. Elle a l'extérieur d'une maison ; pour construire une église, il faut la signature du Sultan, quand on l'aura obtenue, l'église surgira, une bienfaitrice y a déjà songé. Nous nous y arrêtâmes un moment pour prier ; la vue de Jérusalem était si belle ! nous contemplions ses tours, ses coupoles, le mont Sion, les constructions nouvelles et gracieuses, vraiment elle est encore majestueuse plus en apparence qu'en réalité. Ce panorama enchanteur peut compter parmi les plus rares. Elle était plus belle encore, quand Jésus pleura sur elle, à la pensée de sa ruine et des châtiments qui l'attendaient, en punition de ses iniquités et de ses ingratitudes. Notre course avait été combinée pour nous amener juste au lieu de l'Ascension. C'est une vaste rotonde appartenant aux turcs ; ruines de l'antique église de l'Ascension, on y voit encore les colonnes, des tables de marbre, des sculptures d'une grande finesse, qui seraient le trésor d'un musée européen ; au milieu de cette vaste enceinte s'élève une mosquée ronde comme elle, qui n'a que 6 mètres de diamètre et 10 mètres de hauteur. Les Franciscains ont le droit d'y célébrer la fête de l'Ascension avec grande solennité ; ils y chantent les premières vêpres. Ce sont les Pères du couvent de Saint-Sauveur qui viennent pour cette cérémonie, après laquelle ils passent toute la nuit au lieu de l'Ascension et y chantent matines. Le jour de la fête se passe dans l'enceinte, car il n'y a que le célébrant et le personnel nécessaire à la cérémonie qui puissent entrer dans la petite mosquée. Dans cette mosquée, on a élevé un autel sur la pierre d'où Jésus s'éleva au ciel en laissant l'empreinte de son pied divin. Les grecs et les arméniens ont aussi le droit de célébrer la fête de l'Ascension au mont des Oliviers, mais seulement dans l'enceinte de l'antique basilique ; ils n'ont point le droit d'entrer dans la mosquée. Les Franciscains ont non seulement le droit de célébrer ce jour-là, au lieu même de l'Ascension, mais encore la Messe peut y être dite par eux et sur leur requête. Pour y arriver ils doivent faire valoir leurs droits, et recourir aux puissantes backchichs. Quoi qu'il en soit, j'eus la grâce de célébrer la sainte Messe sur le lieu où Notre Seigneur est monté au ciel. Je fis avec toute la ferveur dont

JÉRUSALEM. — VUE PRISE DU MONT DES OLIVIERS.

je fus capable, je lui demandai de me recevoir un jour dans son paradis pour jouir de cette gloire qu'il nous a méritée à tous par sa passion et sa mort. Le P. Fabiano de Salzon dit la Messe avant moi et le P. Verdiani après. Ce lieu est peu distant de celui où les apôtres entendirent :

« Hommes de Galilée, pourquoi demeurez-vous là, regardant le ciel. Ce Jésus qui, du milieu de vous s'est élevé dans le ciel, en descendra de la même manière que vous l'y avez vu monter. » (*Act.* I, 11.)

Malheureusement ce lieu est aux mains des russes. Nous prîmes congé des *santons et custodi* du sanctuaire qui nous montrèrent du reste grande courtoisie. De là, nous nous rendîmes au couvent des Carmélites déchaussées. Le Père Vicaire Custodial était allé y célébrer la Messe. Ce couvent est appelé du *Pater*. Un vaste monastère y a été érigé par la princesse de la Tour d'Auvergne, il a coûté plus d'un million et a été donné aux Carmélites déchaussées ; on l'appelle du *Pater* parce qu'on croit pieusement qu'il s'élève sur les lieux où Notre Seigneur a enseigné cette prière à ses disciples. Le grand cloître est magnifique et non soumis à la clôture, les pèlerins le visitent quotidiennement. Sous les arcs qui l'entourent, le *Pater* est écrit en trente-quatre langues et les caractères sont magnifiques. De ce cloître on descend dans un souterrain où se trouve un autel, c'est le lieu où les apôtres se réunirent, dit-on, pour composer le *Credo*. L'église des Religieuses est gothique,

grande, belle, ainsi que le monastère ; la clôture est très
vaste, la position enchanteresse, la solitude et l'air balsamique
donnent envie. Ce Carmel est séparé du village turc qui se
trouve sur le mont sacré. Les Carmélites nous offrirent du
café au lait, du bon pain, des pêches, du raisin excellent et du
vin exquis. Je bénis la communauté et je dis adieu au Carmel du *Pater*, réconforté par l'accueil charitable que j'y avais
reçu.

XXI

BETHFAGÉ ET BÉTHANIE.

En quittant le Carmel, le soleil nous éblouissait, en
vingt minutes, nous fûmes à Bethfagé ; c'est là que Jésus
monta sur l'ânon pour faire son entrée triomphale à Jérusalem. Aujourd'hui, c'est un lieu désert ; mais une chapelle,
propriété de la Terre-Sainte, y a été élevée. La tradition orien-
tale est une vraie puissance parce qu'elle est conservée avec
autant de jalousie que de piété. De fait, les fouilles ont
amené la découverte d'un bloc carré d'un mètre 1/2 cube, elle
remonte pour le moins au temps des croisades, et tout autour
est gravé le récit de l'Évangile ; on dit qu'elle a servi à Jésus
pour monter sur l'ânon. Nous ne pouvons officier chaque
jour dans ce petit sanctuaire confié à une famille turque, ce n'est

encore qu'une maison, comme le *Dominus flevit*. Pour nous rendre de Bethfagé à Béthanie, il nous faut de nouveau vingt minutes. Le sépulcre de Lazare est au pouvoir des turcs, qui le montrent volontiers, moyennant quelques backchichs. Un escalier humide et sale y descend, un lampion y est encore plus nécessaire que dans les catacombes de Rome ; la profondeur où se trouve ce sépulcre s'explique par l'élévation des terrains. Le tombeau de Lazare est tout près du château où la Madeleine oignit les pieds de son divin Maître : la maison de Madeleine avoisine ses ruines ; elle a été acheté avec quelques constructions antiques par la Terre-Sainte. Nous nous y reposâmes un peu et retournâmes à Jérusalem, en voiture, par la route de Jéricho. Un incident marqua notre arrivée dans le village de Béthanie ; avant d'y arriver nous vîmes un pauvre lépreux d'environ cinquante ans, ses douleurs lui arrachaient des cris. Deux petits enfants étaient assis à ses pieds, il avait été chassé du village ; tous ceux qui sont atteints de la terrible maladie, qui règne toujours en Orient sont ainsi traités. Sous les murs de Jérusalem il y a pourtant un hôpital pour les lépreux.

A un tiers de kilomètre de Béthanie nous descendîmes de voiture pour vénérer la pierre du Colloque ; c'est là que Jésus s'assit pour interroger Marthe et Madeleine sur la mort de Lazare. Cette pierre est sur un monticule et n'appartient à personne ; elle a la forme d'un siège grossier, les grecs schismatiques ont près d'elle une maison et une église, afin d'arriver à se l'approprier. A 9 heures du matin, nous étions entrés à Jérusalem.

XXII

DERNIER JOUR A JÉRUSALEM.

Dans l'après-midi du 20 août, après les vêpres et la bénédiction du Très Saint-Sacrement, je donnai la conférence aux membres du Tiers-Ordre assez florissant à Jérusalem et aussi la bénédiction papale. Ces derniers jours sont consacrés aux visites d'adieu, mon départ étant fixé au 24. Je remerciai le Pacha, les Consuls et tous ceux qui m'avaient si bien accueilli et traité avec tant de courtoisie à Jérusalem.

Le 22 août, je dis la Messe au Saint-Sépulcre et fis une conférence aux Frères et aux Tertiaires du couvent du Saint-Sauveur. Le 23 août, je célébrai le saint sacrifice à l'autel du Crucifiement, c'est-à-dire au lieu où Notre Seigneur fut attaché à la croix, qui se trouve dans la basilique du Saint-Sépulcre; mon âme fut remplie de saintes émotions. Après la Messe, je fermai la visite au Saint-Sépulcre, j'encourageai les Religieux dans la vie de pénitence, de sacrifice et de fatigue qu'ils mènent dans ce couvent humide, privé de lumière et peu aéré; puis je leur donnai l'absolution générale. Rentré à Saint-Sauveur, la journée fut remplie par les visites, les adieux. Le soir quelques mots de mon cœur remercièrent la Communauté de la réception qu'elle m'avait faite, si remplie de respect et d'amour ; je recommandai aux prières de tous, l'Ordre, la Custodie, mes besoins particuliers et appelai en même temps sur chacun les meilleures bénédictions du ciel.

Il ne sera pas sans intérêt de lire le règlement de nos Pères de Saint-Sauveur.

L'été ils se lèvent à 4 heures et l'hiver à 5 heures. Après une demi-heure d'oraison, ils récitent prime, tierce et assistent à la Messe conventuelle. Les ouvriers séculiers ont aussi la leur. Après cela, typographes, menuisiers, serruriers, sculpteurs, marbriers, peintres, boulangers, cordonniers se rendent à leurs offices. La Messe conventuelle est chantée à tous les doubles de première et deuxième classe ; le samedi on chante souvent des Messes de *Requiem,* à 8 heures les jours de la férie et à 9 heures les jours de fête. A 11 heures, sexte et none, puis le dîner qui se finit de midi à midi 1/2 ; il est suivi d'une demi-heure de récréation au divan. A 2 heures, vêpres qui se chantent à toutes les premières et deuxièmes classes ; à 4 heures, matines qui se chantent très solennellement. A 7 heures 1/2, l'oraison, puis diverses prières pour gagner les indulgences et l'hebdomadaire dit trois fois cette prière répétée par toute la communauté :

« Père Éternel, je vous offre le sang précieux de JÉSUS-CHRIST en expiation de mes péchés, pour les besoins de la Sainte

Église, ceux de la Terre-Sainte, pour la conversion des pécheurs, des infidèles et le secours des âmes du Purgatoire. »

Tous les mardis on expose le saint Ciboire et après les litanies
du saint Nom de Jésus, le *Tantum,* on donne la bénédiction.
Le souper suit, ensuite une demi-heure de récréation. Jamais
on ne donne la parole au réfectoire. Tous les lundis, après
souper, on chante le *Si quæris.*

Les Religieux observent quatre carêmes : de l'Ascension à la
Pentecôte, du 2 août à l'Assomption ; le grand carême est très
sévère. Les dimanches et fêtes, le curé explique l'Évangile en
langue arabe. A 3 heures 1/2, après la bénédiction du Très
Saint-Sacrement, les curés et les paroissiens restent à l'église
et font des exercices de piété.

On chante à Saint-Sauveur une Messe solennelle, le jour de
la naissance de tous les Souverains catholiques.

Le couvent de Saint-Sauveur exerce le ministère spirituel
auprès de beaucoup de couvents ; nos Pères y vont célébrer
la sainte Messe et confesser. Chaque jour ils vont célébrer le
saint sacrifice à la grotte de l'Agonie, au sanctuaire de la Flagellation, à la Madone des Sept-Douleurs. Ils n'ont que deux
jours de promenade, le jeudi et le dimanche.

La leçon scholastique des étudiants de philosophie et de
théologie se donne de 7 à 8 heures le matin et de 3 à 4 heures
le soir. Celle d'Écriture sainte a lieu deux fois la semaine de
10 à 11 heures du matin.

Tous les vendredis de l'année on fait le chemin de la Croix toujours présidé par quelque Père. On quitte l'église de Saint-Sauveur à 3 heures, puis on se rend au prétoire pour la première station ; à l'heure qu'il est, c'est une caserne, mais les soldats en laissent libre accès aux fidèles. Il y a de là à Saint-Sauveur un bon kilomètre. La dernière station se fait au Saint-Sépulcre. Ce pieux exercice dure une bonne heure.

On fait encore à Saint-Sauveur le mois de MARIE, celui du Sacré-Cœur et plusieurs neuvaines à la sainte Vierge et aux saints.

Dans toutes les églises de la Custodie, à certaines solennités, le Custode a droit de pontifier comme un évêque, excepté le trône et la crosse. Une fois l'an, il en demande la permission à l'Ordinaire. Lorsque le siège patriarcal est vacant, les offices qui appartiennent au Patriarche peuvent être faits par le Rme Père Custode.

A Bethléem la solennité de Noël appartient au Patriarche, et celle de l'Épiphanie au Rme Père Custode.

XXIII

TERRIBLE ACCIDENT.

O jour à jamais mémorable dans lequel DIEU me châtia sévèrement, sans pourtant me livrer à la mort ; mais où au contraire il me sauva pour que je puisse répéter : « Je ne mourrai pas, mais je vivrai et je raconterai les œuvres du Seigneur. »

Ce cri s'échappe de mon âme ; il me reste maintenant à raconter comment la bonté de DIEU nous préserva mes compagnons et moi de la mort, au moment où je quittai Jérusalem.

Le 24 août, à 6 heures 3/4, je dis adieu à la Ville Sainte. Le Père Custode et le Vicaire Custodial étaient dans ma voiture précédée d'une escorte d'honneur de gendarmes à cheval envoyés par le Pacha. D'autres voitures suivaient la nôtre. Nous nous rendions à la gare, pour gagner Jaffa, puis par la mer, Alexandrie, Naples et Rome. La station est au sud-ouest de la ville, on y arrive par la route de Bethléem. Elle est assez large et suit un bon moment les murs de la cité sainte. D'un côté des monts, des pics, de l'autre des précipices rocailleux plus ou moins profonds. La station est à 2 kilomètres du couvent de Saint-Sauveur.

Notre voiture marchait au pas lorsque nous arrivâmes à la piscine de Bersabée ; rien ne peut expliquer comment tout d'un coup elle tourna à droite. Voir le péril et se trouver au fond du précipice la tête la première fut l'affaire d'un instant. Il a 10 à 12 mètres de hauteur. Le cocher et le janissaire assis sur le siège purent sauter de la voiture du côté du mont, de même le Père Custode ; mais le Père Vicaire et moi nous fûmes précipités au fond de l'abîme où nous devions succomber sans un miracle de la bonté de DIEU, dû à l'intercession de MARIE Immaculée et de S. Antoine. J'attribue spécialement notre salut au grand thaumaturge, parce qu'un grand nombre l'invoquèrent en voyant notre péril, même les turcs qui lui sont très dévots.

Arrivé au fond du précipice j'étais enfermé dans la voiture brisée, comme dans une cage, la jambe gauche avait été frappée durement ou par le rocher ou par la voiture ; le reste était intact. Je me levai bien vite, mais je ne pouvais sortir : mon habit était pris par le véhicule. Des janissaires et d'autres

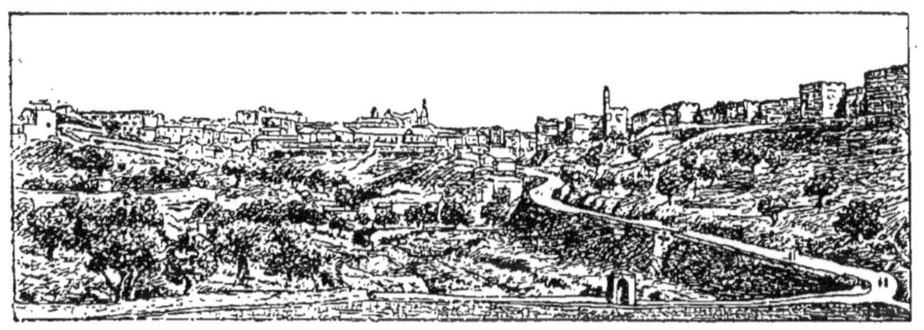

✤ Lieu du terrible accident.

encore accoururent et on me délivra de ma prison. Le Père Vicaire avait pu se dégager. Je me rendis à pied à la gare, décidé à poursuivre mon voyage.

En me voyant reparaître, tous les Religieux et séculiers crièrent au miracle. Il y avait plus de cent Franciscains du couvent de Saint-Sauveur et d'autres de Bethléem, de Saint-Jean, d'Emmaüs venus pour me dire adieu ; des Consuls, les secrétaires du Pacha, des janissaires, une foule de promeneurs.

Le médecin-chirurgien de Terre-Sainte, M. Savignoni me
pansa pour la première fois dans une chambre de la gare et
m'accompagna jusqu'à Jaffa pour me faire un pansement en
règle. J'avais à la jambe des blessures et des contusions, mais
rien de très grave.

Le patriarche arménien, qui devait aussi voyager ce jour-là
dans un wagon-salon, envoya un évêque m'exprimer sa sympathie au sujet du péril que j'avais couru et de la miraculeuse
préservation qui l'avait accompagné. Il m'offrit aussi de voyager
dans son wagon-salon ce que j'acceptai avec reconnaissance.
Les Consuls furent aussi très courtois. Je n'aurais pas été moins
bien traité à mon départ de Jérusalem qu'à mon arrivée, mais
l'accident dont je venais d'être la victime avait mis le comble
à l'émotion, des flots de mouchoirs blancs s'agitaient dans
les mains de la foule. Jérusalem, c'est ainsi que je te dis adieu.

Je souffris de la jambe pendant tout le voyage. Arrivé à
Jaffa, je dus monter à âne pour arriver au couvent situé sur
la hauteur. Combien les Religieux furent émus en entendant
le récit tragique que je viens d'écrire ! Le médecin fit le pansement et je pus me reposer un peu. Le Père Vicaire était
retourné à Jérusalem, il souffrait de la poitrine et eut un
vomissement de sang. Heureusement cela n'eut pas de suite.

Quant à moi, l'air de Jérusalem est fatal aux maux de jambes,
et je fis sagement de continuer ma route.

La ville entière resta émue de notre accident. Notre histoire était dans toutes les bouches, expliquée, commentée. Les uns l'attribuaient à la franc-maçonnerie, à la juiverie, d'autres à l'incapacité du cocher. Celui-ci fut puni sur l'heure par les coups des janissaires et des soldats, puis on le conduisit en prison. Mais ce qui fut reconnu par tous, c'est que notre salut était un miracle évident. Les turcs le proclamaient plus haut que tous les autres en s'écriant :

« Cet Ordre de la corde est quelque chose de grand ! Il faut qu'il en soit ainsi, puisqu'il fait sortir sains et saufs d'un péril dont personne ne se sauve. »

Sois donc loué, ô Seigneur, pour avoir fait éclater ta gloire !

Dès le soir on chanta à Saint-Sauveur un *Te Deum* d'action de grâces ; de même à Jaffa, puis à Port-Saïd, Alexandrie, au Caire, à Rosette, à Rome et partout où parvint le récit de notre chute et de notre préservation.

Je restai à Jaffa jusqu'au 26, dans l'après-midi je m'embarquai sur le vapeur *Pandora* de la compagnie autrichienne Lloyd. J'arrivai le lendemain à 6 heures à Port-Saïd. Le vapeur y fit une station d'une dizaine d'heures ; aussitôt je débarquai et allai célébrer la sainte Messe. J'y trouvai Mgr Piavi, patriarche de Jérusalem, arrivé quelques instants avant moi. Le soir un piroscaphe me conduisit à bord, accompagné du Patriarche, du Père président et d'autres Religieux. Il avait été mis à ma disposition par le Consul de France. Il conduisit Mgr Piavi sur le bâtiment qui devait le porter à Jaffa et à

Beyrouth. Notons en passant que le *Pandora* portait au plus haut de ses mâts la bannière de Terre-Sainte.

XXIX

NOUVEAU SÉJOUR A ALEXANDRIE.

Le 27 août, à 9 heures, nous entrions dans le port d'Alexandrie. Le Père Gardien, le P. Stanislas et des Tertiaires vinrent à bord pour me souhaiter la bienvenue; au bout d'une demi-heure nous débarquâmes, et à 10 heures j'arrivai à Sainte-Catherine où je pus célébrer la sainte Messe ainsi que mes compagnons. L'allégresse était grande, causée autant par mon arrivée que par la protection divine dont je venais d'être l'objet. L'après-midi j'exposai le Très Saint-Sacrement; le P. Ludovic de Caserta, Vicaire du couvent adressa au peuple quelques paroles de circonstance, puis on chanta un solennel *Te Deum* d'actions de grâces et un *Si quæris* à saint Antoine de Padoue.

Je restai à Alexandrie du 27 août au 8 septembre, et j'y fis la visite que je n'avais pu accomplir à mon arrivée, à cause de l'angine catarrhale dont je fus attaqué. Je fis aussi celle des résidences dépendantes : Ramle, Moharem-Bey, Saint-François de la Marine, toutes ont leur coadjuteur paroissial. Ramle est la plus agréable et la plus peuplée, son église est

belle, assez bien tenue, et déjà insuffisante pour la population ;
il faudra l'agrandir si possible. Celle de Saint-François de la
Marine est grande et belle ; ses prêtres y enseignent l'Évangile en langues maltaise et italienne ; dans son école on
enseigne l'arabe, l'italien, le français et l'anglais. Un autre
orphelinat très prospère, dirigé par les Sœurs Franciscaines
du Caire, est entretenu aux frais de la Terre-Sainte. A
Moharem-Bey on compte peu de catholiques, la garde de la
résidence est confiée à un Frère, ainsi que le bel hospice et
l'église qui est suffisante ; il s'y trouve aussi un jardin
potager avec un bâtiment pour établir un orphelinat de garçons. Plaise à DIEU qu'on puisse faire cette œuvre pour le
bien de tant de malheureux !

Ceux qui m'avaient visité à mon arrivée me firent de
nouveau les plus gracieuses politesses. Mgr Guido Corbelli
était en villégiature, mais il vint deux fois me voir ; je vis
aussi le préfet de la Haute-Égypte, Mgr Sogaro.

Le 3 septembre, je donnai une conférence aux Tertiaires ;
leur fraternité est florissante, l'église était pleine, je terminai
par la bénédiction papale. Le soir du 6 septembre, je fermai
la visite par l'absolution générale, et le lendemain 7, par la
bénédiction papale à toute la Communauté, composée de
vingt-quatre Religieux. Je ne comprends pas dans ce chiffre
les Religieux des diverses résidences qui dépendent de la
juridiction du Père Gardien qui est en même temps curé.

Il y a beaucoup à travailler pour le bien des âmes, et vraiment tous le font avec courage. La paroisse a 40 000 âmes, je crois l'avoir déjà dit. La colonie maltaise, la plus religieuse est de 7 000 âmes ; l'italienne, est plus nombreuse, malheureusement parmi les 22 000 qui la composent, il y a bien peu de pratiquants ; les Français sont moins nombreux et n'ont généralement pas plus de religion ; les Arabes et les Allemands sont meilleurs, mais en très petit nombre. Ces éléments divers, ces langues variées, nécessitent des Pères de différentes nations ; le Père Gardien est italien et se fait aider par deux autres, il y a également un Français, deux Maltais, un Père Arabe, et un Allemand. Les prédications se font à l'instar de celles du Caire dont j'ai parlées.

Il y a d'autres églises catholiques à Alexandrie que Sainte-Catherine, mais c'est la plus fréquentée aussi bien aux jours ordinaires qu'aux grandes fêtes. La décoration du temple, la beauté des offices attirent, et aussi les Pères de toutes les nations, toujours disposés à donner les secours spirituels aux fidèles. La Communauté jouit d'une grande estime sans distinction de rite, de religion et de couleur.

J'ai dit qu'Alexandrie ressemblait à une ville européenne ; rien n'y manque, ni boulevards, ni restaurants, ni facilités pour se divertir. La place des Consuls est une merveille, le soir, éclairée à la lumière électrique, elle est féerique. Malheureusement l'immoralité est grande. Les quartiers arabes longent la mer et forment à peine le quart de la ville. On trouve dans cette cité des loges maçonniques de tous les rites, fréquentées surtout par les Italiens et les Français. Le climat d'Alexandrie est salubre, mais humide à cause des alluvions du Nil dont un grand canal coule à un kilomètre environ ; ses alentours sont beaux, agréables, spécialement du côté de Ramle et de Moharem-Bey. Le vice-roi passe à Alexandrie cinq ou six mois de villégiature, il y possède beaucoup de palais.

Le grand commerce d'Alexandrie en fait une ville très riche. Les turcs et les juifs y ont une école ; les grecs schismatiques un collège pour les filles ; l'Italie en maintient un pour les enfants des deux sexes, mais, hélas ! Dieu et la religion en sont bannis. L'instruction chrétienne catholique est donnée par nos Franciscains de Terre-Sainte qui ont deux écoles florissantes pour les garçons, l'une à Sainte-Catherine, l'autre à la Marine. Les filles ont également deux écoles bien tenues par les Franciscaines Missionnaires, dites du Caire.

J'ai déjà parlé des autres établissements.

Le gouvernement civil appartient au Pacha qui a une police secrète très sérieuse ; la justice est rendue par les tribunaux indigènes suivant les lois turques. Depuis le bombardement de 1882, les Anglais sont devenus par le fait les maîtres de l'Égypte ; on les rencontre dans tous les tribunaux ; même au ministère qui réside au grand Caire. Le vice-roi les subit, tout en désirant s'en débarrasser, ce qu'il ne pourra pas ; les Anglais ne lâcheront pas l'Égypte, ils y maintiennent des troupes nombreuses et toujours croissantes. La ville d'Alexandrie étant remplie d'Européens, il s'y trouve un tribunal mixte ou plutôt international, composé de magistrats distingués des diverses nations : l'Italie, la France, l'Autriche, l'Allemagne, l'Angleterre, la Grèce, etc., y sont représentées. Ce tribunal fonctionne bien et produit les meilleurs résultats.

La justice m'oblige à constater ici un fait à la louange de la Custodie de Terre-Sainte. Lors de l'effroi général qu'occasionna le fanatisme des Arabes en 1882, le siège et le bombardement faits par les Anglais, Alexandrie fut complètement abandonnée par les Européens, seuls les *Frères de la Corde* restèrent au couvent de Sainte-Catherine, bien que, dans l'attente du massacre de tous les chrétiens, leurs Supérieurs les eussent laissés libres de partir. Le Gardien, qui était alors le P. Matthieu de Sobotha, Polonais, appartenant à la Province des Observants de Bologne, dirigea les Pères et les chrétiens avec autant d'énergie que de zèle ; il fut soutenu dans ce moment terrible par le pieux P. Bonaventure de Solero, ex-Custode de Terre-Sainte, mort en novembre 1888. Durant ces mauvais jours, les catholiques inondèrent la paroisse, ils s'y étaient refugiés. Le Père Gardien ne se couchait même pas, afin de veiller au bon ordre. Le couvent avait été divisé en deux quartiers n'ayant aucune communication, les hommes se trouvaient d'un côté et les femmes de l'autre. On avait fait d'amples provisions ; mais elles s'épuisaient et le siège continuait, le bombardement ne cessait pas : sans péril de mort on ne pouvait quitter le couvent. Comment faire pour arracher à la mort tous ces chrétiens ? On put faire avertir le Consul espagnol, qui était en mer, mais hors du tir ; il fit parvenir quelques sacs de riz, ainsi on put attendre la fin du bombardement. Les chrétiens furent sauvés et avec eux les Franciscains. Le calme et la prévoyance du Père Gardien produisirent un grand bien et furent à bon droit loués de tous.

XXV

D'ALEXANDRIE A NAPLES.

Le 8 septembre, je dis adieu à la sainte Custodie, et quittai Alexandrie à 2 heures. Les vœux et les larmes de tous les bons Religieux du couvent de Sainte-Catherine, répondirent à la bénédiction séraphique que je donnai à toute la Communauté. Des notabilités et beaucoup de nos Pères m'accompagnèrent à bord du piroscaphe *Singapour,* de la compagnie Florio-Rubattino ; à 3 heures il leva l'ancre. Le temps était nébuleux, mais la mer calme et tranquille, il en fut ainsi durant toute la traversée qui dura cent seize heures ; notre bâtiment était très grand, aussi le mouvement se faisait à peine sentir. Au début, j'eus un peu d'étourdissement, je crus à l'arrivée du mal de mer, mais la nuit je reposai bien et la traversée fut excellente. Nous n'étions que onze personnes en première classe, en comptant le commandant et le médecin. A Messine, il monta deux passagers.

Nous ne vîmes ni l'île de Candie, ni celle de Stromboli à cause de la nuit, mais nous pûmes admirer des levers et des couchers de soleil splendides. Tout nous invitait à chanter des hymnes à la gloire et à la puissance du Créateur, la majesté des flots nous redisait sa grandeur et sa magnificence. Elle est bien à plaindre l'âme qu'un tel spectacle n'élève pas vers son Créateur. Le nombre de ces infortunés est grand ! J'eus même la confusion d'entendre un Genevois, garçon de service, assurer que les protestants anglais sont ceux qui y pensent davantage. « Ils passent fréquemment sur ce bâtiment qui fait le service des Indes et font, disait le Genevois, leurs exercices religieux ; quant aux catholiques, la vie qu'ils mènent à bord est toute matérielle ; jour férié ou jour ordinaire, ils mangent, boivent, se baignent, dorment et s'amusent. Ajoutez à ce résumé les caquets et la lecture des romans, vous aurez, disait le Genevois, le récit de la vie de tous les voyageurs. Si quelqu'un prie, c'est un Prêtre, un Frère ou une Religieuse. » Hélas, mon Dieu ! sur chaque bateau il y a un médecin-chirurgien, des cuisiniers et des garçons de service pour les besoins du corps, et personne ne songe à y établir un prêtre pour assurer la félicité de l'âme.

Le 11 septembre, à 9 heures du soir, nous étions à Messine ; on jeta l'ancre et nous ne repartîmes qu'à 6 heures du soir, le lendemain. Nous ne descendîmes pas à terre, mais le P. Cuzari, Commissaire de Terre-Sainte vint nous voir à bord. A la tombée de la nuit, nous passâmes à travers les écueils de Charybde et Scylla ; le vent soufflait violemment, et on ne pouvait se tenir sur le pont. Ceux qui ont l'habitude du tapage de la mer dormirent tranquillement, mais moi, je ne pus reposer que le matin. Le 13 septembre, après avoir prié, je montai sur le pont, l'île de Capri apparaissait.

Au commencement du siècle, elle avait un évêque et était de la juridiction de Sorrente, sa population étant de 7 000 habitants. Quand on vient d'Alexandrie, cette île se montre comme une montagne haute, à pic, et entièrement nue, une partie de la ville se voit seulement d'un côté ; en venant de Naples, elle se présente belle, cultivée, verdoyante, gracieuse. Capri a beaucoup de villas pour la villégiature ; les ruines du palais de Tibère y existent encore, les vins et l'écaille de l'île de Capri sont célèbres et abondants. A 9 heures, nous avions dépassé Capri, Ischia, et le golfe de Naples s'offrait à nos regards : à gauche nous avions le cap Posilipo, à droite Portici, et, on peut même le dire, toute la ville de Naples. Avec ses palais, ses maisons, ses tours, ses coupoles, ce golfe de Naples, en forme de fer à cheval est vraiment un des lieux les plus enchanteurs du monde,

A 10 heures, nous étions au port. Déjà sur les quais nous voyions flotter les mouchoirs blancs, indiquant, que des cœurs, amis sont là pour nous souhaiter la bienvenue ; des barques amenant des Religieux gagnent la mer ; ils ont hâte d'être à bord pour me féliciter les premiers de mon heureux retour. Le commandant donne l'ordre de jeter l'ancre. Les barques eurent alors la permission d'accoster. Le Délégué Général et grand nombre de nos Pères furent bien émus en me voyant marcher avec le bâton que ma chute avait rendu nécessaire. Je remerciai le commandant, et montai sur le vapeur royal, gracieusement mis à ma disposition par un capitaine de la marine italienne, frère du P. Charles de Naples. Quelques minutes après nous débarquâmes. Je me rendis directement au Commissariat de Terre-Sainte ; avant toute chose, je voulus qu'on se rendît à la chapelle pour remercier Dieu de toutes les grâces dont il m'avait comblé durant cette absence de cinq mois ; nous récitâmes le *Te Deum,* les litanies de la très sainte Vierge, le *Magnificat,* le *Salve, sancte Pater,* et le *Si quæris.* Grande était l'allégresse ; je pus aller au réfectoire, et assister au *Te Deum* que nous chantâmes pour rendre grâces de la préservation dont nous avions été l'objet le 24 août ; après quoi, je donnai la bénédiction du Très Saint-Sacrement. Le lendemain, 14 septembre, le médecin du Commissariat de

Terre-Sainte et un professeur de l'hôpital des pèlerins vinrent panser ma jambe, je reçus aussi beaucoup de visites.

Le 18 septembre, on célébra à la métropole, les premières vêpres solennelles de saint Janvier ; durant toute l'octave, on admire et on vénère le miracle de la liquéfaction de son sang. Le 19, le P. Verdiani eut le bonheur d'en être témoin ; les prières avaient commencé vers 9 heures, et le prodige arriva à 10 heures moins 10 minutes.

J'étais toujours retenu par les soins que nécessitaient les blessures de ma jambe. J'eus à subir ce jour-là une émotion bien pénible : le P. Chérubin de Forio eut une attaque dont on le guérit heureusement. Le 26 septembre, je fus assez bien pour me rendre à Saint-Janvier ; j'eus la consolation d'assister à la liquéfaction du sang de l'illustre martyr, de le vénérer, et de baiser la précieuse relique. Le peuple chante et prie à haute voix jusqu'au moment où le miracle est accordé, aussitôt après il entonne le *Te Deum :* c'est vraiment le triomphe de la foi, et il est faux qu'il s'y rencontre des abus. Le 27, je reçus la visite du Provincial des Réformés de la Province de Principato, et le soir j'allai visiter le nouveau couvent du Vomero.

Le 29 septembre, je me rendis à Sainte-Marie-la-Neuve. Reçu avec grande affection par le Père Gardien et les Religieux, je célébrai de nouveau la sainte Messe devant le corps de S. Jacques de la Marche, puis on exposa le S.-Sacrement, on chanta le *Te Deum* pour remercier Dieu des grâces qu'Il m'avait accordées pendant ma visite de la Custodie de Terre-Sainte, et pour mon heureux retour. J'avais invoqué le grand saint au départ, il était juste de lui redire au retour ma reconnaissance.

Le 2 octobre, à 8 heures du matin, je quittai Naples ; après cinq heures et demie de voyage nous étions à la gare de Rome. Le T. R. Père Procureur Général de l'Ordre m'attendait à la station avec plusieurs de nos Pères. Quelle ne fut pas mon émotion en trouvant toute la Communauté de la Curie et du Collège à la porte de l'église Saint-Antoine ! Le T. R. Père Délégué Général m'y attendait en chape, la joie et l'allégresse étaient peintes sur tous les visages, chacun se réjouissait avec moi de me revoir sain et sauf après le grand péril que j'avais couru. Les cloches, l'orgue se firent entendre, cent-cinquante voix entonnèrent le *Te Deum*. Quant à moi, j'étais trop ému pour prier autrement qu'en silence.

Il est doux pour un père de voir ses fils se réjouir à l'heure de son retour. Mon absence avait duré six mois moins six jours.

Je termine ici le récit de mon voyage et de ma visite à la Custodie ou Province de la célèbre mission de Terre-Sainte.

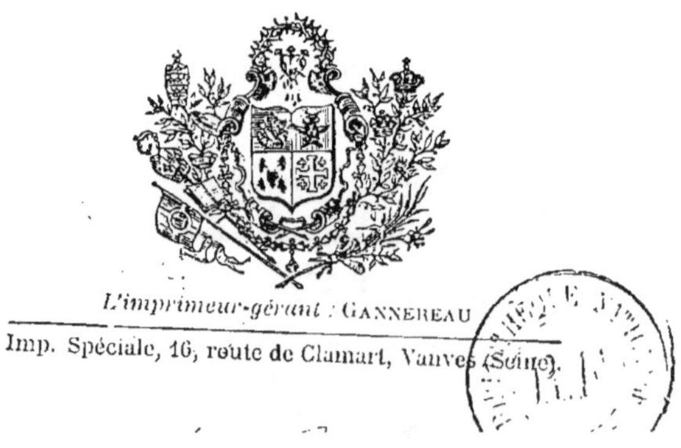

L'imprimeur-gérant : GANNEREAU

Imp. Spéciale, 16, route de Clamart, Vanves (Seine).

TABLE

DEUS MEUS ET OMNIA
DIEU LE VEUT